丛书主编 卢湘鸿

面向对象程序设计与C++

司慧琳 编著

清华大学出版社
北京

内容简介

本书通过简单易懂的代码实例讲解、相应的课堂练习和大量的课后编程训练题帮助学生理解和掌握面向对象语言的三大特征：封装性、继承性和多态性。全书共12章，内容涉及类和对象、友元和静态、继承和组合、重载与多态性、异常处理等。

本书侧重面向对象程序设计的编程训练，为明确应训练的语法，所有编程题都提供了相应的输入输出测试用例，部分编程题目预设前置或后置代码。书后还附有4套模拟试卷和2个初学者问题集。

本书可配合Moodle平台使用。

本书适合作为高校计算机及相关专业面向对象程序设计(C++)课程的教材，还可作为广大读者学习面向对象程序设计的自学参考书。

本书封面贴有清华大学出版社防伪标签，无标签者不得销售。
版权所有，侵权必究。侵权举报电话：010-62782989 13701121933

图书在版编目(CIP)数据

面向对象程序设计与C++/司慧琳编著.—北京：清华大学出版社，2018
(教育部大学计算机课程改革项目规划教材)
ISBN 978-7-302-50310-1

Ⅰ.①面… Ⅱ.①司… Ⅲ.①C语言—程序设计—高等学校—教材 Ⅳ.①TP312.8

中国版本图书馆CIP数据核字(2018)第112250号

责任编辑：谢 琛 战晓雷
封面设计：常雪影
责任校对：时翠兰
责任印制：宋 林

出版发行：清华大学出版社
网 址：http://www.tup.com.cn，http://www.wqbook.com
地 址：北京清华大学学研大厦A座 **邮 编**：100084
社 总 机：010-62770175 **邮 购**：010-62786544
投稿与读者服务：010-62776969，c-service@tup.tsinghua.edu.cn
质量反馈：010-62772015，zhiliang@tup.tsinghua.edu.cn
课件下载：http://www.tup.com.cn，010-62795954
印 装 者：三河市君旺印务有限公司
经 销：全国新华书店
开 本：185mm×260mm **印 张**：18.25 **字 数**：421千字
版 次：2018年9月第1版 **印 次**：2018年9月第1次印刷
定 价：49.00元

产品编号：074992-01

前言

面向对象程序设计(C++)是高等学校理工科专业课之一，是一门实践性很强的课程。本书适合作为高等院校"面向对象程序设计(C++)"课程的教材，还可以作为广大读者学习面向对象程序设计(C++)的自学参考书。

本书有5个特色：①每章围绕面向对象的一两个语法主题，提供简单易懂的代码实例讲解以及相应的课堂练习，来帮助学生理解和掌握本章内容；②侧重面向对象程序设计的编程训练，课后习题的代码总量超过3300行；③为明确应训练的语法，所有编程题都提供了相应的输入输出测试用例，部分编程题目预设前置或后置代码；④为帮助初学者检测学习效果，提供了4套模拟试卷；⑤提供了对于初学者来说具有很高参考价值的常见问题集锦，该内容来自作者多年教学过程中所整理的答疑记录，出版时作了精选和修订。

读者阅读本书之前需要具备基本的C语言程序设计能力，初步了解变量与数据类型、选择与循环、函数等基本语法。相比C语言的语法，C++面向对象的语法较晦涩难懂，初学者不容易掌握。为解决此问题，本书通过实例讲解和大量编程训练，帮助学生在实践经验积累的基础上领悟面向对象语言的三大特征：封装性、继承性和多态性。

本书共12章，涉及类和对象、友元和静态、继承和组合、重载与多态性、异常处理等内容。第1章介绍C++标准输入输出用法;第2章回顾结构体，介绍从结构体如何封装到类以及类图设计;第3章介绍对象初始化中各种构造函数的用法;第4章介绍字符串类、复制构造函数及析构函数;第5章介绍封装中基于项目的多文件管理以及文件与流操作;第6章介绍静态、友元等共享机制及保护;第7章介绍运算符重载;第8章介绍单继承和组合用法、继承中的同名覆盖规则;第9章介绍同名覆盖和赋值兼容以及继承中的基于项目的多文件管理;第10章介绍多继承及虚基类;第11章介绍虚函数的动态联编以及抽象类和纯虚函数等用法;第12章介绍C++的异常处理机制。使用本书完成教学大约需要68学时，其中包括34学时上机。

本书作者多年为计算机及相关专业学生讲授"面向对象程序设计(C++)"课程，积累了丰富的教学资源和实践经验。本书配有相应的教学辅助课件以及程序实例，使之更符合面向对象程序设计课程的要求，有需要者可与出版社联系。

本书的所有示例程序均在DevCpp 5.11上调试通过。

标有*的课后习题有一定难度，供学有余力的同学选做。

在本书策划和写作过程中，孙践知、孙悦红、张迎新、陈红倩、姚春莲等提出了很多宝贵意见，同时本书也参考了许多国内外的面向对象程序设计书籍，作者在此一并表示衷心感谢。

限于作者水平，书中难免有疏漏和不妥之处，恳请读者批评指正！

作　者

2018年1月

目 录

第1章 C++的输入输出

1.1 C++的输入输出示例

［**例 1.1**］ C 的基本数据类型变量输入输出。

```
//L1_1.cpp
#include <stdio.h>
int main()
{
    char a;
    int b;
    float c;
    double d;
    scanf("%c",&a);                 //输入 char 类型的数据
    scanf("%d",&b);                 //输入 int 类型的数据
    scanf("%f",&c);                 //输入 float 类型的数据
    scanf("%lf",&d);                //输入 double 类型的数据
    //也可以一次输入多个:scanf("%c%d%f%lf",&a,&b,&c,&d);
    printf("%c\n",a);               //输出 char 类型的数据
    printf("%d\n",b);               //输出 int 类型的数据
    printf("%f\n",c);               //输出 float 类型的数据
    printf("%f\n",d);               //输出 double 类型的数据
    //也可以一次输出多个:printf("%c\n%d\n%f\n%f\n",a,b,c,d);
    return 0;
}
```

输入

```
A 12 12.34 12.3456789
```

输出

```
A
12
12.340000
12.345679
```

从例 1.1 的代码来看：C 的输入函数 scanf 和输出函数 printf 需要针对不同的数据类型的变量编写相应的格式控制。

★**注意**：%f 格式控制在输出时不区分 float 或 double，默认都是 6 位小数，不足补 0，超过即四舍五入保留 6 位小数。

C++的输入对象 cin 和输出对象 cout 则可以根据变量的类型自动解析数据的对应类型，不需要考虑烦琐的格式控制，比 C 语言的输入函数 scanf 和输出函数 printf 简化了许多。

[**例 1.2**] C++的基本数据类型变量输入输出。本例是例 1.1 的 C++版。

```
//L1_2.cpp
#include <iostream>
using namespace std;
int main()
{
    char a;
    int b;
    float c;
    double d;
    cin>>a;                             //输入 char 类型的数据
    cin>>b;                             //输入 int 类型的数据
    cin>>c;                             //输入 float 类型的数据
    cin>>d;                             //输入 double 类型的数据
    //也可以一次输入多个,用>>分隔即可:cin>>a>>b>>c>>d;
    cout<<a<<endl;                      //输出 char 类型的数据
    cout<<b<<endl;                      //输出 int 类型的数据
    cout<<c<<endl;                      //输出 float 类型的数据
    cout<<d<<endl;                      //输出 double 类型的数据
    //也可以一次输出多个,用<<分隔即可:cout<<a<<endl<<b<<endl<<c<<endl;
    return 0;
}
```

输入

```
A12 12.34 12.3456789
```

输出

```
A
12
12.34
12.3457
```

★**注意**：float 类型或者 double 类型的数据有几位小数，cout 就默认输出几位小数，不自动补零。如果整数位数和小数位数之和超过 6 位，则四舍五入保留输出 6 位。如果想对有效位数进行控制，可以参考例 1.3 的代码。

例 1.2 代码涉及的 C++语法简介：

(1) cpp 是 C++源文件的扩展名。

(2) C++的头文件扩展名为 h 或者没有扩展名，一般自定义的头文件使用扩展名 h，使用 C++ 标准库的头文件没有扩展名，例如：#include <iostream>，这表示允许程序中使用 cin 和 cout。

★注意：当使用<iostream>时，由于 C++ 的标准库中所有标识符都被定义在一个名为 std 的 namespace 中，因此其后必须带上语句“using namespace std;”。

(3) 行注释以两个连续的斜线(//)开始，其注释范围仅限当前行。注释的文字说明在程序编译时被编译器忽略。

(4) cin 是 C++ 语言的标准输入流对象，在默认情况下是从键盘输入。cout 是 C++ 语言的标准输出流对象，在默认情况下是输出到显示器。

cin 的基本用法为

```
cin>>V1>>V2>>…>>Vn;
```

>>是预定义的提取符，用于从一个输入流对象获取字节。

在输入时，应注意用空格或制表符(Tab 键)将输入的数据分隔开。例如：

```
cin>>x>>y;
```

执行到该语句时，输入 x 和 y 值，即从键盘输入

```
3 5
```

3 和 5 之间用空格或制表符分隔。

★注意：输入数据的类型应与接收该数据的变量的类型相匹配，否则输入操作将会失败或者得到的是一个错误的数据。

cout 的基本用法为

```
cout <<E1<<E2<<…<<Em;
```

<<是预定义的插入符，用于传送字节到一个输出流对象。

★注意：输出时要恰当使用字符串和换行符 endl，提高输出信息的可读性。

例如：

```
cout <<x <<" +" <<y <<" =" <<sum <<endl;
```

[**例 1.3**]　有效位数输出控制。

```
//L1_3.cpp
#include <iostream>
#include <iomanip>
using namespace std;
int main()
{   float a=23.4538769;
    cout <<"a="<<a<<endl;
    cout<<"a="<<setprecision(4)<<a<<endl;      //输出整数+小数的有效位数,a=23.45
    cout<<"a="<<fixed<<setprecision(4)<<a<<endl;
                                               //输出小数部分有效位数,a=23.4539
    return 0;
}
```

输出

```
a=23.45
a=23.4539
```

从例 1.3 的代码来看，为了使精度设置的含义体现为小数位数，必须提前把浮点数的输出方式设置为定点方式，即 fixed。

［**例 1.4**］ 字符串输入输出。

```
//L1_4.cpp
#include <iostream>
using namespace std;
int main()
{
    char s[100];
    cin>>s;              //输入不带空格的字符串数据，如果带空格，需要用 cin.get(s,100);
    cout<<s<<endl;       //输出字符串数据，可带空格，也可不带空格
    return 0;
}
```

输入

```
Hello
```

输出

```
Hello
```

［**例 1.5**］ 普通数组的输入输出。

```
//L1_5.cpp
#include <iostream>
using namespace std;
int main()
{   int t[5],i;
    for(i=0;i<5;i++)
        cin>>t[i];           //输入数组元素
    for(i=0;i<5;i++)
        cout<<t[i]<<endl; //输出数组元素
    return 0;
}
```

输入

```
1 2 3 4 5
```

输出

```
1
2
3
```

```
4
5
```

［**例 1.6**］　结构体变量的输入输出。

```
//L1_6.cpp
#include <iostream>
using namespace std;
struct STUSCORE {
    char strName[12];                   //姓名
    int iStuNO;                         //学号
    float fScore;                       //某门课程成绩
};
int main()
{   STUSCORE one;
    cin>>one.strName>>one.iStuNO>>one.fScore;
    cout<<"姓名:"<<one.strName<<",学号:"<<one.strStuNO
    <<",成绩:"<<one.fScore<<endl;
    return 0;
}
```

输入

```
wang 111 78.5
```

输出

```
姓名:wang ,学号:111, 成绩:78.5
```

★注意：

(1) C++ 中结构体的关键字 struct 在定义变量时是可以省略的，例如定义结构体变量 one 时，直接使用 STUSCORE one 即可。

(2) 在结构体定义中，成员都是公开的，因此在外部(如 main 函数中)使用直接采用“结构体变量名.成员名”即可，比如 one. strName。

1.2　面向过程的程序设计

面向过程(procedure oriented)是一种以过程为中心的编程思想。在面向过程的程序设计中，程序是处理数据的一系列过程。过程(或函数)定义为实现特定功能的一组指令，其设计思想是功能分解并逐步求精，数据与程序过程分开存储。在面向过程的程序设计中，程序块是由函数构成的。

面向过程的程序设计由顺序、选择、循环 3 种逻辑结构组成，通过函数和模块来组织程序，因此编程的主要技巧在于模块之间的调用关系及数据的变化上。

［**例 1.7**］　计算学生 3 门课的平均成绩。

```
// L1_7.cpp
```

```
#include <iostream>
using namespace std;
struct STUSCORE {
    char strName[12];                                    //姓名
    int iStuNO;                                          //学号
    float fScore[3];                                     //3门课程成绩
};
float GetAverage(STUSCORE one)                           //计算平均成绩
{   return (float)((one.fScore[0]+one.fScore[1]+one.fScore[2])/3.0);
}
int main()
{   STUSCORE one={"LiMing",21020501,{80,90,65}};     //结构体变量定义省略 struct
    cout<<one.strName<<"的平均成绩为:"<<GetAverage(one)<<endl;
    return 0;
}
```

输出

```
LiMing 的平均成绩为:78.3333
```

★**注意**:在结构体定义中,只描述了数据的不同属性特征(成员),因此,相关操作(函数)要访问数据的属性时需要参数传递,即 GetAverage 必须是带参数的函数。

C++ 新增了引用的用法。引用是一种特殊类型的变量,可以被认为是另一个变量的别名。引用运算符 & 用来说明一个引用。定义引用的语法格式如下:

数据类型 &引用名 =已定义的变量名;

例如:

```
int a =10;
int &i =a;                      //引用 i 与变量 a 占用同一个内存单元:i=10,a=10
i =i +100;                      //i=110,a=110
```

★**注意**:引用不是普通变量,它本身没有值和地址值,引用的地址值是它被绑定的变量或者对象的地址值,它的值也是被绑定变量的值。引用与指针不同,指针存储目标单元的地址,引用直接指向目标单元。

由于增加了引用,函数的实参与形参有3种结合方式:值调用、传址调用和引用调用。

(1) 值调用:形参和实参都是普通变量或值,在函数调用时,将实参的值赋给形参,但形参值的变化不影响实参,这一特点被称为单向值传递。

[**例 1.8**] 交换两个整形变量的值(值调用)。

```
// L1_8.cpp
#include <iostream>
using namespace std;
void fun (int x, int y)                    //形参是普通变量
{   int tmp =x;
    x =y;
```

```
    y =tmp;
}
int main()
{   int a =1,b =2;
    cout <<"Before exchange:a=" <<a <<",b=" <<b <<endl;
    fun(a, b);                          //实参是普通变量
    cout <<"After  exchange:a=" <<a <<",b=" <<b <<endl;
    return 0;
}
```

输出

```
Before exchange:a=1,b=2
After  exchange:a=1,b=2
```

从例 1.8 的输出来看，值调用(单向的值传递)不能实现交换两个整形变量的值。

(2) 传址调用：形参和实参是指针或者地址，在函数调用时，形参的指针获取实参传来的地址，形参通过地址访问间接改变实参地址单元中存放的值，这一特点被称为双向地址传递。

[**例 1.9**]　交换两个整形变量的值(传址调用)。

```
// L1_9.cpp
#include <iostream>
using namespace std;
void fun (int * x, int * y)             //形参是指针
{   int tmp = * x;
    * x = * y;
    * y =tmp;
}
int main()
{   int a =1,b =2;
    cout <<"Before exchange:a=" <<a <<",b=" <<b <<endl;
    fun(&a, &b);                        //实参是地址
    cout <<"After  exchange:a=" <<a <<",b=" <<b <<endl;
    return 0;
}
```

输出

```
Before exchange:a=1,b=2
After  exchange:a=2,b=1
```

从例 1.9 的输出来看，传址调用(双向的地址传递)通过访问地址间接实现交换两个整形变量的值。

(3) 引用调用：在形参名前加上引用说明符 & 即将其声明为引用，实参则直接采用一般的变量名。在函数调用时，形参就成了实参的别名，对引用的操作就等同于对主调函数中原变量的操作。

[**例 1.10**] 交换两个整形变量的值(引用调用)。

```
// L1_10.cpp
#include <iostream>
using namespace std;
void fun (int &x, int &y)                    //形参是引用
{   int tmp =x;
    x =y;
    y =tmp;
}
int main()
{   int a =1,b =2;
    cout <<"Before exchange:a=" <<a <<",b=" <<b <<endl;
    fun(a, b);                               //实参是变量
    cout <<"After  exchange:a=" <<a <<",b=" <<b <<endl;
    return 0;
}
```

输出

```
Before exchange:a=1,b=2
After  exchange:a=2,b=1
```

从例 1.10 的输出来看,引用调用通过引用(变量的别名)直接实现交换两个整形变量的值。引用调用时,实参要用变量名,形参作为实参变量名的引用,对形参的改变就是对实参的直接改变。因此引用调用的效果与传址调用相同,但是比其更方便、直接。

引用的目的主要是在函数参数传递中解决大对象的传递效率低和存储空间占用较多的问题。

★**注意**:C++ 中 swap 函数的参数就采用了引用的形式,因此为了避免与系统函数 swap 混淆,例 1.8、例 1.9、例 1.10 用 fun 作为函数名。

1.3 课堂练习

有一筐鸡蛋,1 个 1 个拿,正好拿完;2 个 2 个拿,还剩 1 个;3 个 3 个拿,正好拿完;4 个 4 个拿,还剩 1 个;5 个 5 个拿,还剩 1 个;6 个 6 个拿,还剩 3 个;7 个 7 个拿,正好拿完;8 个 8 个拿,还剩 1 个;9 个 9 个拿,正好拿完。筐里有多少鸡蛋?

C 语言程序代码如下:

```
#include <stdio.h>
int main()
{   int i;
    for(i=1;;i++)
    if(i%2==1&&i%3==0&&i%4==1&&i%5==1&&i%6==3&&i%7==0&&i%8==1&&i%9==0)
    {   printf("%d\n",i);
        break;
```

```
    }
    return 0;
}
```

(1) 将上述 C 语言代码改为 C++ 程序，相关输入输出使用 cin 或 cout。

(2) 如果需要找到 n 个满足条件的答案，如何修改？ n 从键盘输入。例如输入 1，输出 1 个满足条件的答案(即 441)；输入 5，输出 5 个满足条件的答案(即 441、2961、5481、8001、10521)。

1.4　课后习题

本章训练侧重 cin/cout 的用法。部分题目提供前置或后置的预设代码，预设代码内容和顺序不可改变，只要在预设代码框架上将程序补充完整即可。

题 1.1　圆的面积计算。从键盘上输入半径，输出圆面积，π 取 3.14。例如，输入

```
10
```

输出

```
面积=314
```

题 1.2　两数求和。从键盘输入两个整数，输出其和。例如，输入

```
23 45
```

输出

```
68
```

题 1.3　子串分割。从键盘上输入一个满足格式要求的字符串(形如"A1,234")，编程将其从分隔符(即逗号)位置分割成两个部分(如 A1 和 234 两个字符串)，并在屏幕上分两行依次显示分割后的结果。例如，输入

```
A1,234
```

输出

```
A1
234
```

题 1.4　字母大小写转换。从键盘输入一个大写字母，要求输出其小写字母。
提示：小写字母的 ASCII 码值为对应的大写字母的 ASCII 码值加 32。
例如，输入

```
A
```

输出

```
a
```

题 1.5　三角形面积计算。从键盘输入三角形的 3 条边长，输出面积。要求使用函数值调用方式。

```
前置代码:
#include <iostream>
#include <cmath>
using namespace std;
double area(double a, double b, double c);            //函数声明
int main()
{   double x,y,z;
    cin>>x>>y>>z;
    //调用 area 函数(参数为用户任意输入的值)并将计算得到的结果直接输出
    cout<<"三角形面积为"<<area(x,y,z)<<endl;
    return 0;
}
```

例如，输入

```
3 4 5
```

输出

```
三角形面积为 6
```

题 1.6　最大数与位置。从键盘上输入 n 个数(n 值也从键盘输入)，输出其中的最大数及其所在的位置。本题要求用数组实现。

```
前置代码:
#include <iostream>
using namespace std;
int main()
{   int a[100],i,max,n;                              //max 记录最大数的下标
    cin>>n;
    for(i=0;i<n;i++)                                 //输入 n 个数并保存到数组 a
        cin>>a[i];
```

例如，输入

```
10
1 0 4 8 12 65 -76 100 -45 123
```

输出

```
max=123,位于第 10 个
```

题 1.7　输出个人信息。从键盘输入自己的班级、学号、姓名，将信息输出到屏幕。要求用结构体实现。

```
前置代码:
#include <iostream>
using namespace std;
struct student
{   int bj;
    char num[10];
    char name[10];
};
int main()
{   student s;                    //注意 C++中结构体变量定义与 C 语言中的不同之处
    cin>>s.bj>>s.num>>s.name;
```

例如,输入

```
1 090101 李敏
```

输出

```
班级:1
学号:090101
姓名:李敏
```

题 1.8　学生信息管理。从键盘输入一个学生的姓名、学号以及 3 门课成绩,输出其姓名与 3 门课的平均成绩。要求用结构体和函数值调用实现。

```
前置代码:
#include <iostream>
using namespace std;
struct STUSCORE {
    char strName[12];                              // 姓名
    int iStuNO;                                    // 学号
    float fScore[3];                               // 3 门课成绩
};
float GetAverage(STUSCORE one)                     // 计算平均成绩
{   return (float)((one.fScore[0] +one.fScore[1] +one.fScore[2])/3.0);}
int main()
{   STUSCORE one;                                  //定义一个学生结构体变量
```

例如,输入

```
LiMing 21020501 80 90 65
```

输出

```
LiMing 的平均成绩为 78.3333
```

第 2 章 从结构体到类

2.1 结构体回顾

C 语言的结构体是把相互有关联的数据元素组成一个单独的统一体，从这个角度来说，结构体实现了数据的封装。结构体定义的关键字是 struct。

例 1.7 中定义了 STUSCORE 结构体，代码如下：

```
struct STUSCORE {
    char strName[12];                    //姓名
    int iStuNO;                          //学号
    float fScore[3];                     //3 门课程成绩
};
```

结构体成员的访问是公开的，即允许结构体外部（例如在 main 函数或者 GetAverage 函数的定义中）访问结构体的成员，有 3 种访问方式：

(1) 结构体变量：采用“结构体变量名.成员”的方式。

(2) 结构体指针：采用“结构体指针名->成员”的方式。

(3) 结构体数组：采用“结构体数组名[下标].成员”的方式。

［**例 2.1**］ 结构体变量用法实例。

编写一个通用计算器结构体，当输入两个整数及运算符后，可以进行算术四则运算。要求：被 0 除时给出错误提示；运算符不是+、-、*、/时给出错误提示；输入输出使用 cin 和 cout。

```
// L2_1.cpp
#include <iostream>
using namespace std;
struct computer                          //计算器结构体
{   int op1,op2;                         //两个操作数
    char ch;                             //运算符
};
int main()
{   computer a;                          //定义结构体变量 a
    cin>>a.op1>>a.ch>>a.op2;
    switch(a.ch)
    {   case '+':cout<<a.op1+a.op2<<endl;break;
        case '-':cout<<a.op1-a.op2<<endl;break;
```

```
        case '*':cout<<a.op1*a.op2<<endl;break;
        case '/':if(a.op2==0)
                cout<<"不能被 0 除"<<endl;
            else
                cout<<a.op1/a.op2<<endl;
            break;
        default:cout<<"运算符有错"<<endl;
    }
    return 0;
}
```

例如，输入

```
3+5
```

输出

```
8
```

例 2.1 是结构体变量的用法示例，涉及结构体成员的访问方式（即“结构体变量名.成员”）。

思考：如果需要一次输入 n 个计算题，如何修改程序？n 也从键盘输入。

［**例 2.2**］　结构体指针用法实例。

编写一个通用计算器结构体，当输入两个整数及运算符后，可以进行算术四则运算。要求：被 0 除时给出错误提示；运算符不是＋、－、*、/时给出错误提示；输入输出使用 cin 和 cout；使用结构体指针访问方式（即“结构体指针名->成员”）。

```
// L2_2.cpp
#include <iostream>
using namespace std;
struct computer                         //计算器结构体
{   int op1,op2;                        //两个操作数
    char ch;                            //运算符
};
int main()
{   computer a, *p=&a;                  //定义结构体变量 a 和结构体指针 p,p 指向 a
    cin>>p->op1>>p->ch>>p->op2;
    switch(p->ch)
    {   case '+':cout<<p->op1+p->op2<<endl;break;
        case '-':cout<<p->op1-p->op2<<endl;break;
        case '*':cout<<p->op1*p->op2<<endl;break;
        case '/':if(p->op2==0)
                cout<<"不能被 0 除"<<endl;
            else
                cout<<p->op1/p->op2<<endl;
            break;
        default:cout<<"运算符有错"<<endl;
```

```
    }
    return 0;
}
```

例如，输入

```
3+5
```

输出

```
8
```

例2.2是结构体指针的用法示例，涉及结构体成员的访问方式（即“结构体指针名->成员”）。

思考：如果需要一次输入n个计算题，如何修改程序？n也从键盘输入。

[**例2.3**] 结构体变量作函数参数实例（值调用）。

编写一个通用计算器结构体，当输入两个整数及运算符后，可以进行算术四则运算。要求：被0除时给出错误提示；运算符不是+、-、*、/时给出错误提示；输入输出使用cin和cout；利用自定义函数实现。

```
//L2_3.cpp
#include <iostream>
using namespace std;
struct computer                           //计算器结构体
{   int op1,op2;                          //两个操作数
    char ch;                              //运算符
};
void run(computer b)                      //函数定义
{   switch(b.ch)
    {   case '+':cout<<b.op1+b.op2<<endl;break;
        case '-':cout<<b.op1-b.op2<<endl;break;
        case '*':cout<<b.op1*b.op2<<endl;break;
        case '/':if(b.op2==0)
                     cout<<"不能被0除"<<endl;
                 else
                     cout<<b.op1/b.op2<<endl;
                 break;
        default:cout<<"运算符有错"<<endl;
    }
}
int main()
{   computer a;                           //定义结构体变量a
    cin>>a.op1>>a.ch>>a.op2;
    run(a);                               //函数调用
    return 0;
}
```

例如,输入

```
3+5
```

输出

```
8
```

例2.3是结构体变量作函数参数的用法示例,涉及函数的值调用。

思考:如果需要一次输入n个计算题,如何修改程序?n也从键盘输入。

[**例2.4**] 结构体指针作函数参数实例(地址调用)。

编写一个通用计算器结构体,当输入两个整数及运算符后,可以进行算术四则运算。要求:被0除时给出错误提示;运算符不是+、-、*、/时给出错误提示;输入输出使用cin和cout;利用自定义函数实现。

```
//L2_4.cpp
#include <iostream>
using namespace std;
struct computer                          //计算器结构体
{   int op1,op2;                         //两个操作数
    char ch;                             //运算符
};
void run(computer *pb)                   //函数定义
{   switch(pb->ch)
    {   case '+':cout<<pb->op1+pb->op2<<endl;break;
        case '-':cout<<pb->op1-pb->op2<<endl;break;
        case '*':cout<<pb->op1*pb->op2<<endl;break;
        case '/':if(pb->op2==0)
                    cout<<"不能被0除"<<endl;
            else
                    cout<<pb->op1/pb->op2<<endl;
            break;
        default:cout<<"运算符有错"<<endl;
    }
}
int main()
{   computer a;                          //定义结构体变量a
    cin>>a.op1>>a.ch>>a.op2;
    run(&a);                             //函数调用
    return 0;
}
```

例如,输入

```
3+5
```

输出

8

例2.4是结构体指针作函数参数的用法示例，涉及函数的地址调用。

思考：如果需要一次输入n个计算题，如何修改程序？n也从键盘输入。

［**例2.5**］ 结构体数组用法实例。

编写一个通用计算器结构体，当输入两个整数及运算符后，可以进行算术四则运算。要求：被0除时给出错误提示；运算符不是+、-、*、/时给出错误提示；输入输出使用cin和cout；需要一次输入n个计算题，n也从键盘输入；使用结构体数组实现。

```
// L2_5.cpp
#include <iostream>
using namespace std;
struct computer                              //计算器结构体
{   int op1,op2;                             //两个操作数
    char ch;                                 //运算符
};
int main()
{   computer a[100];                         //定义结构体数组 a
    int i,n;
    cin>>n;
    for(i=0;i<n;i++)
        cin>>a[i].op1>>a[i].ch>>a[i].op2;
    for(i=0;i<n;i++)
    {   switch(a[i].ch)
        {
            case '+':cout<<a[i].op1<<"+"<<a[i].op2<<"="<<a[i].op1+a[i].op2<<
            endl;break;
            case '-':cout<<a[i].op1<<"-"<<a[i].op2<<"="<<a[i].op1-a[i].op2<<
            endl;break;
            case '*':cout<<a[i].op1<<"*"<<a[i].op2<<"="<<a[i].op1*a[i].op2
            <<endl;break;
            case '/':
                cout<<a[i].op1<<"/"<<a[i].op2;
                if(a[i].op2==0)
                    cout<<"不能被 0 除"<<endl;
                else
                    cout<<"="<<a[i].op1/a[i].op2<<endl;
                break;
            default:cout<<a[i].op1<<a[i].ch<<a[i].op2<<"运算符有错"<<endl;
        }
    }
    return 0;
}
```

例如，输入

```
5
9/2
12/0
3^2
2 * 4
3-6
```

输出

```
9/2=4
12/0 不能被 0 除
3^2 运算符有错
2 * 4=8
3-6=-3
```

例 2.5 是结构体数组的用法示例，涉及结构体数组元素的访问方式(即“结构体数组名[下标].成员”)。由于结构体数组可以保存多个数据，因此例 2.5 中将输入与计算分开处理，这也是为了更好地实现模块化。

思考：如果需要通过函数调用，数组名作为函数参数(地址调用)，如何修改程序？

[**例 2.6**]　结构体数组指针用法实例。

编写一个通用计算器结构体，当输入两个整数及运算符后，可以进行算术四则运算。要求：被 0 除时给出错误提示；运算符不是+、-、*、/时给出错误提示；输入输出使用 cin 和 cout；需要一次输入 n 个计算题，n 也从键盘输入；使用结构体数组指针实现。

```
// L2_6.cpp
#include <iostream>
using namespace std;
struct computer                         //计算器结构体
{   int op1,op2;                        //两个操作数
    char ch;                            //运算符
};
int main()
{   computer a[100], * p=a;             //定义结构体数组 a 和指针 p
    int i,n;
    cin>>n;
    for(i=0;i<n;i++)
        cin>>p[i].op1>>p[i].ch>>p[i].op2;
    for(i=0;i<n;i++)
    {   switch(p[i].ch)
        {
            case '+':cout<<p[i].op1<<"+"<<p[i].op2<<"="<<p[i].op1+p[i].op2<<
            endl;break;
            case '-':cout<<p[i].op1<<"-"<<p[i].op2<<"="<<p[i].op1-p[i].op2<<
            endl;break;
            case '*':cout<<p[i].op1<<"*"<<p[i].op2<<"="<<p[i].op1 * p[i].op2
            <<endl;break;
```

```
            case '/':
                cout<<p[i].op1<<"/"<<p[i].op2;
                if(a[i].op2==0) cout<<"不能被0除"<<endl;
                else cout<<"="<<p[i].op1/p[i].op2<<endl;
                break;
            default:cout<<p[i].op1<<p[i].ch<<p[i].op2<<"运算符有错"<<endl;
        }
    }
    return 0;
}
```

例如,输入

```
5
9/2
12/0
3^2
2 * 4
3-6
```

输出

```
9/2=4
12/0不能被0除
3^2运算符有错
2 * 4=8
3-6=-3
```

例2.6是结构体数组指针的用法示例,涉及利用结构体数组指针访问数组元素方式(即"结构体数组指针名[下标].成员"),这与"结构体数组名[下标].成员"访问方式类似。当然,结构体指针访问数组元素还有"(指针名+下标)->成员"的方式,例如,p[i].ch等价于(p+i)->ch。

思考:如果结构体数组指针作参数(传址调用),如何修改?

其实,例2.5的代码中定义的结构体数组a的大小是固定的,也就是说n必须满足条件n<=100。如果n很小,肯定会浪费内存空间;如果n>100,则数组a空间不能满足要求。数组到底应该有多大才合适,有时可能无法预计,如何使得数组的大小定义满足n的要求?n的值可以在程序运行时给定,为此希望程序在运行时具有改变数组大小的能力。这就需要引入动态数组的语法。

所谓动态数组就可以在任何时候改变大小的数组。动态数组最灵活、最方便,有助于有效管理内存。例如,可短时间使用一个大数组,然后当不使用这个数组时,可以将内存空间释放给系统。动态数组的定义涉及内存动态申请和释放,在C++中,这涉及两个运算符——new与delete的使用。例如:

```
int *p;
p=new int[100];                      //申请100个连续的int类型的空间
delete []p;                          //释放p所指向的空间
```

★注意：C++ 中 new 申请空间时直接指定数据类型，因此不需要像 C 语言中的 malloc 函数那样再做类型转换。

［**例 2.7**］　动态数组实例。

编程求斐波那契数列的第 n 项并输出，n 从键盘输入。要求用动态数组保存前 n 项数列。

```
// L2_7.cpp
#include <iostream>
using namespace std;
int main()
{   int n,i;
    cin>>n;                              //输入数组大小
    int *p =new int[n];                  //根据 n 的值动态申请数组
    p[0]=1;
    p[1]=1;
    for(i=2; i<n; i++)
        p[i]=p[i-2]+p[i-1];
    cout<<p[n-1]<<endl;
    delete []p;                          //释放数组空间
    return 0;
}
```

例如，输入

```
16
```

输出

```
987
```

例 2.7 中就是运行时根据输入的 n 值动态申请内存空间大小的动态数组，将动态数组的首地址保存到指针 p 中，当动态数组不再使用时，即释放 p 所指向的内存空间。

★注意：在 C++ 中，用 new 动态申请的内存空间在堆区，故又称为堆内存，系统不会自动释放堆内存，所以在使用完毕后一定要用 delete 释放，否则该内存单元会一直被占据，也就是该内存空间使用完毕之后未回收，即所谓内存泄漏。在堆上分配内存很容易造成内存泄漏，这是 C/C++ 最大的“漏洞”。

思考：参考例 2.7 的动态数组用法，将例 2.5 中固定大小的结构体数组改为根据 n 的值定义动态结构体数组，如何修改程序？

［**例 2.8**］　动态单链表用法实例。

编写一个通用计算器结构体链表，当输入两个整数及运算符后，可以进行算术四则运算。要求：被 0 除时给出错误提示；运算符不是＋、－、*、/时给出错误提示；输入输出使用 cin 和 cout；需要计算多个计算题，输入的操作数 1 是 0 时表示数据输入结束；使用动态单链表的方式实现。

```
// L2_8.cpp
#include <iostream>
```

```
using namespace std;
struct computer                                    //计算器结构体
{   int op1,op2;                                   //两个操作数
    char ch;                                       //运算符
};
int main()
{   computer a[100], * p=a;                        //定义结构体数组 a 和指针 p
    int i,n;
    cin>>n;
    for(i=0;i<n;i++)
        cin>>p[i].op1>>p[i].ch>>p[i].op2;
    for(i=0;i<n;i++)
    {   switch(p[i].ch)
        {
            case '+':
                cout<<p[i].op1<<"+"<<p[i].op2<<"="<<p[i].op1+p[i].op2<<endl;
                break;
            case '-':
                cout<<p[i].op1<<"-"<<p[i].op2<<"="<<p[i].op1-p[i].op2<<endl;
                break;
            case '*':
                cout<<p[i].op1<<"*"<<p[i].op2<<"="<<p[i].op1*p[i].op2<<endl;
                break;
            case '/':
                cout<<p[i].op1<<"/"<<p[i].op2;
                if(a[i].op2==0)     cout<<"不能被 0 除"<<endl;
                else       cout<<"="<<p[i].op1/p[i].op2<<endl;
                break;
            default:cout<<p[i].op1<<p[i].ch<<p[i].op2<<"运算符有错"<<endl;
        }
    }
    return 0;
}
```

例如,输入

```
9/2
12/0
3^2
2*4
3-6
0+1
```

输出

```
9/2=4
12/0 不能被 0 除
```

```
3^2 运算符有错
2 * 4=8
3-6=-3
```

例 2.8 是结构体链表的用法示例，涉及动态单链表创建、清空以及取结点数据进行计算处理的操作。

2.2　类的引入

类是一种复杂的数据类型，与结构体很相似。类描述了某一类事物的各种属性（数据）和相关操作（函数），也就是说类的成员除了数据还包括函数。

2.2.1　类的定义

类定义的关键字是 class。

类定义的语法格式如下：

```
//说明部分 (类体)
class <类名>
{
    public:
        <公有段数据及成员函数>
    protected:
        <保护段数据及成员函数>
    private:
        <私有段数据及成员函数>
};
//实现部分
    <各成员函数的实现>
```

★注意：*类定义的右大括号"}"后面一定要加分号。*

从类定义来看，类与结构体不同，不仅提供数据的封装，而且提供函数的封装。类还提供了不同访问权限，规定了数据隐藏程度。

[**例 2.9**]　学生类定义。

将例 1.7 的学生结构体的定义改为学生类。

```
// L2_9.cpp
#include <iostream>
using namespace std;
class CStuScore
{
public:                                                 // 公有类型声明
        char strName[12];                               // 姓名
        int iStuNO;                                     // 学号
        void SetScore(float s0, float s1,float s2)      //成员函数:设置 3 门课成绩
        {  fScore[0] =s0;fScore[1] =s1; fScore[2] =s2;  }
```

```
        float GetAverage();
private:                                                //私有类型声明
        float fScore[3];                                // 3门课程成绩
};
float CStuScore::GetAverage()                           //计算均值
{  return (float)((fScore[0] +fScore[1] +fScore[2])/3.0);  }
```

思考：从例 1.7 到例 2.9，即从结构体到类，有哪些变化？

2.2.2 类的成员函数

类的成员函数有 3 种定义形式：

(1) 成员函数的定义及实现在类中完成。

将成员函数体直接放在类中，这意味着默认它是内联函数。例 2.9 中 SetScore 成员函数就是一个在类中定义的内联函数。在类中定义成员函数时省略类名。

使用内联函数通常是为了提高运行时的效率，对于只有几行的简单成员函数都可以采用内联形式声明。注意：内联函数体中最好不要有复杂结构（如循环语句和 switch 语句）。

(2) 成员函数的定义及实现在类外完成。

将类体和其成员函数分开定义，是开发大型程序通常采用的方法。

在类中加函数声明，在类体外定义成员函数时须按下述格式：

```
函数类型 类名::成员函数名(参数表)
{
    函数体
}
```

其中，作用域运算符::用来标识某个成员函数是属于哪个类的。例 2.9 中 GetAverage 成员函数就是这样一个类中声明、类外定义的成员函数。

类外定义的成员函数，如果使用 inline 描述，也是内联函数。例如 GetAverage 函数类外定义写成如下形式：

```
inline float CStuScore::GetAverage()
{
    return (float)((fScore[0] +fScore[1] +fScore[2])/3.0);
}
```

(3) 成员函数的定义及实现与类在不同的文件中完成。

例如，在 stud.h 中放 CStuScore 类的声明，在 stud.cpp 中放类外定义的成员函数。详细用法将在 5.1 节中介绍。

2.2.3 类成员的访问控制

类把数据和函数封装在一起的同时，提供了 3 种访问权限：

(1) 公有(public)成员提供了类的接口功能，不仅可以被成员函数访问，而且可以在类外被访问。

(2) 私有(private)成员是被类隐藏的数据，只有该类的成员或友元函数才可以访问，通常将数据成员定义为私有成员。

(3) 保护(protected)成员具有公有成员或私有成员的特性。

关键字 public、private、protected 为访问权限控制符,规定成员的访问权限,默认的访问控制是 private。

访问权限控制符出现的顺序和次数无限制,只要保证同一成员只有一个访问权限即可。以前在定义类时,通常将私有的数据成员放在类的前面,这样一旦忘记使用 private,默认值仍然是私有,使得数据得到保护。近年来,也有的程序将公有成员函数放在类的前面,这是由于公有函数是外部访问的接口,将其放在类的前面便于阅读。

在类定义中,由于操作与数据被封装,类中直接访问数据成员,因此例 2.9 中 GetAverage 函数是无参函数。

在类定义中,由于数据封装隐藏了内部细节,外部不能访问私有数据,外部要访问内部,只能通过接口函数来进行访问。因此例 2.9 中又定义了公有函数 SetScore 来设置私有数据成员的值。

2.2.4 类的测试

类是一种数据类型,要测试类的功能,需要定义类的实例,即对象。与定义变量相同,可定义具有不同存储属性的各类对象。定义对象时,C++ 编译器为其分配存储空间。

例如定义 CStuScore 类的对象如下:

```
CStuScore a, b, c[10], *p;
```

其中 a、b 为两个一般对象,c[10]是对象数组,p 是指向类 CStuScore 对象的指针。

对象的成员与它所属类的成员一样,有数据成员和成员函数。

对象访问成员的方法与结构体变量、结构体指针、结构体数组元素访问成员的方法相同。

访问一般对象的成员的语法格式:

```
对象名.数据成员名
对象名.成员函数名(参数表)
```

访问指向对象的指针的成员的语法格式:

```
对象指针名 ->数据成员名
对象指针名 ->成员函数名(参数表)
```

访问对象数组元素的成员的语法格式:

```
对象数组名[下标].数据成员名
对象数组名[下标].成员函数名(参数表)
```

[**例 2.9 续**] 学生对象的定义与使用。

```
int main()
{   CStuScore oOne;
    cin>>oOne.strName>>oOne.iStuNO;                    //合法
    cin>>oOne.fScore[0]>>oOne.fScore[1];               //非法
    oOne.SetScore(80,90,70);
```

```
    cout<<oOne.GetAverage();
    return 0;
}
```

★注意：例 2.9 定义对象不能像例 1.7 定义结构体变量那样给出初始化，原因是没有默认构造函数是无参的，并且函数体为空，不能完成数据成员的初始化。另外，由于学生类的私有数据 fScore 保密，cin＞＞oOne.fScore[0]＞＞oOne.fScore[1]；是非法的。main 函数中(类外)通过公有函数 SetScore 调用来设置私有数据成员的值。因此类定义中补充 SetScore 的成员函数定义。同样道理，main 函数中(类外)通过公有函数 GetAverage 调用来计算私有数据成员的平均值。而学生类的 strName 和 strStuNO 数据是公有的，可以类外访问，因此 cin＞＞oOne.strName＞＞oOne.iStuNO；是合法的。

思考：参考例 2.9 的类设计与对象的用法，将例 2.1 的通用计算器结构体用法修改为通用计算器类并测试，如何修改程序？

2.3 面向对象的程序设计

面向对象(Object Oriented，OO)是一种以事物为中心的编程思想。面向对象的方法是在计算机语言发展过程中产生的，于 20 世纪 80 年代出现并广泛应用。

面向对象程序设计中，类与对象是面向对象思想的两个核心概念，并且立足于软件代码的重用。类是支持数据封装的工具，将数据和对该数据进行操作的函数封装在一起，具有对数据的抽象性、隐藏性和封装性。

封装性是指对象的状态信息隐藏在对象内部，不允许外部程序直接访问对象内部信息，而是通过该类所提供的方法来实现对内部信息的操作与访问。良好的封装性要考虑：

(1) 将对象的成员变量与实现细节隐藏起来，不允许外部访问。

(2) 把方法暴露出来，让方法来控制对这些成员变量进行安全的访问与操作。

也就是说，在进行类设计时，要把该隐藏的隐藏起来，把该暴露的暴露出来。类提供的公共接口为应用开发提供了方便。即使条件发生改变，或者发现了类中的错误，也只需改变类的内部实现代码，而并不需要改变外部应用，因为公共接口未变。

因此，在面向对象的程序设计中，封装性是基础，继承性是关键，多态性是补充。继承和多态后续再详细介绍。

为了更好地理解面向对象的程序设计方法，设计类时需要使用 UML(Unified Modeling Language，统一建模语言)来说明类的有关知识，以够用为目的，简要介绍 UML 的几种简单的类标记图。在 UML 语言中，类使用短式和长式两种方式表示。

(1) 短式仅用一个含有类名的长方框表示。

(2) 长式使用 3 个方框表示。最上面的框中填入类的名称，中间框中填入属性(C++ 中称为数据成员)，最下面的框中填入成员函数(操作)。属性和操作可以根据需要进行细化。

以例 2.9 为例画 CStuScore 类的标记图，简称类图。图 2.1 是最简单的类图形式，仅给出它们的名字。图 2.2 给出属性和成员函数的数据类型。图 2.3 是进一步细化，给出数据类型和函数类型。当然还可继续细化，例如函数参数类型及访问权限等，如图 2.4 所示。图 2.4 即本书采用的类的标记图画法。

CStuScore

图 2.1　短式类图

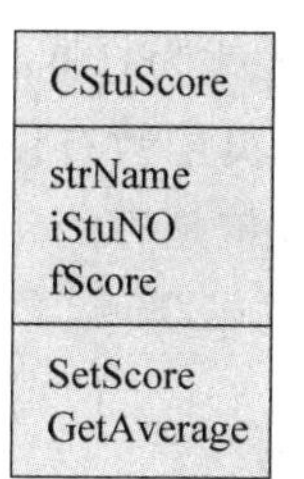

图 2.2　长式类图，仅填入名字

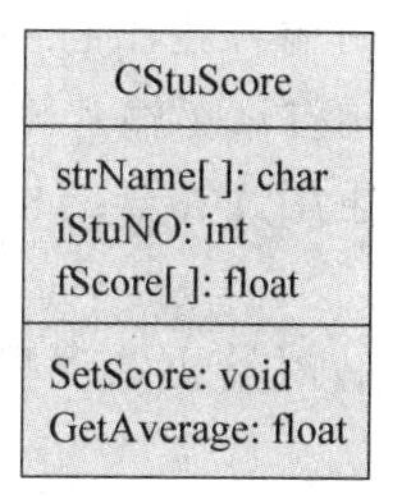

图 2.3　长式类图，进一步细化

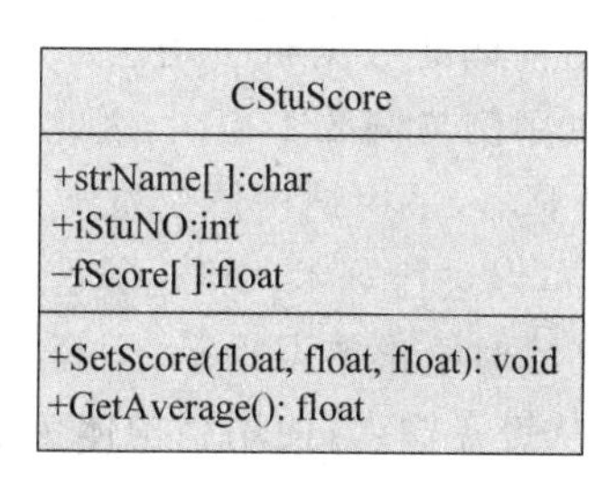

图 2.4　CStuScore 类图

★**注意**：＋、－、＃表示成员的访问权限，分别对应 public、private、protected。

2.4　课堂练习

从键盘输入年月日，判断该年是否闰年并以年-月-日格式输出日期以及是否闰年。日期结构体代码如下：

```
#include <iostream>
using namespace std;
struct Date{                                    //日期结构体
    int year;
    int month;
    int day;
};
int IsLeapYear(Date x)
{  return (x.year%4==0&&x.year%100!=0)||(x.year%400==0);  }
void Print(Date x)
{   cout<<"日期是"<<x.year<<'-'<<x.month<<'-'<<x.day<<endl;
    int r=IsLeapYear(x);
    if(r==1)   cout<<"该年是闰年"<<endl;
    else       cout<<"该年不是闰年"<<endl;
}
int main()
{   Date x;                                     //定义一个日期结构体变量
    cin>>x.year>>x.month>>x.day;                //从键盘输入年月日
    Print(x);                                   //通过普通函数调用，输出日期以及是否是闰年
    return 0;
}
```

(1) 将日期结构体改为日期类。该类数据成员有年、月、日 3 个私有数据。私有成员函数有判断闰年,公有成员函数有设置年月日数据成员的值、按指定格式输出日期。要求从键盘输入年月日,判断该年是否闰年并以年-月-日格式输出日期以及是否闰年。

(2) 画出日期类的带类型、参数、访问权限等信息的长式类图。

2.5 课后习题

本章侧重结构体的数据封装用法。题 2.1～题 2.7 的输入输出与例 2.5 相同,题 2.8 的输入输出测试用例与例 2.1 相同,因此题 2.1～题 2.8 题省略了输入输出测试用例。

题 2.1 计算器,采用结构体变量+循环。编写一个通用计算器结构体,当输入两个整数及运算符后,可以进行算术四则运算。

要求:被 0 除时给出错误提示;运算符不是+、-、*、/时给出错误提示;要一次输入 n 个计算题,n 也从键盘输入;使用结构体变量+循环。

```
前置代码:
#include <iostream>
using namespace std;
struct computer                                    //计算器结构体
{   int op1,op2;                                   //两个操作数
    char ch;                                       //运算符
};
int main()
{   computer a;                                    //定义结构体变量
```

题 2.2 计算器,采用结构体指针+循环。编写一个通用计算器结构体,当输入两个整数及运算符后,可以进行算术四则运算。

要求:被 0 除时给出错误提示;运算符不是+、-、*、/时给出错误提示;要一次输入 n 个计算题,n 也从键盘输入;使用结构体指针+循环。

```
前置代码:
#include <iostream>
using namespace std;
struct computer                                    //计算器结构体
{   int op1,op2;                                   //两个操作数
    char ch;                                       //运算符
};
int main()
{   computer a, * p=&a;                            //定义结构体变量 a 和结构体指针 p,p 指向 a
```

题 2.3 计算器,采用结构体变量作函数参数(值调用)。编写一个通用计算器结构体,当输入两个整数及运算符后,可以进行算术四则运算。

要求:被 0 除时给出错误提示;运算符不是+、-、*、/时给出错误提示;要一次输入 n 个

计算题,n 也从键盘输入;要求定义并调用函数实现,函数声明形式为 void run(computer b);。

```
前置代码:
#include <iostream>
using namespace std;
struct computer                                        //计算器结构体
{   int op1,op2;                                       //两个操作数
    char ch;                                           //运算符
};
void run(computer b);                                  //函数声明
int main()
{   computer a;                                        //定义结构体变量 a
    int n,i;
    cin>>n;
    for(i=1;i<=n;i++)
    {   cin>>a.op1>>a.ch>>a.op2;
        run(a);                                        //函数调用
    }
    return 0;
}
```

题 2.4　计算器,采用结构体指针作函数参数(地址调用)。编写一个通用计算器结构体,当输入两个整数及运算符后,可以进行算术四则运算。

要求:被 0 除时给出错误提示;运算符不是+、-、*、/时给出错误提示;要一次输入 n 个计算题,n 也从键盘输入;要求定义并调用函数实现,函数声明形式为 void run(computer *pb);。

```
前置代码:
#include <iostream>
using namespace std;
struct computer                                        //计算器结构体
{   int op1,op2;                                       //两个操作数
    char ch;                                           //运算符
};
void run(computer *pb);                                //函数声明
int main()
{   computer a;                                        //定义结构体变量 a
    int n,i;
    cin>>n;
    for(i=1;i<=n;i++)
    {   cin>>a.op1>>a.ch>>a.op2;
        run(&a);                                       //函数调用
    }
    return 0;
}
```

题 2.5 计算器,采用结构体数组名作函数参数(地址调用)。编写一个通用计算器结构体,当输入两个整数及运算符后,可以进行算术四则运算。

要求:被 0 除时给出错误提示;运算符不是+、-、*、/时给出错误提示;需要一次输入 n 个计算题,n 也从键盘输入;要求通过函数调用实现,结构体数组名作为函数参数(地址调用),函数声明形式为 void fun(computer b[],int n);。

```
前置代码:
#include <iostream>
using namespace std;
struct computer                                    //计算器结构体
{   int op1,op2;                                   //两个操作数
    char ch;                                       //运算符
};
void fun(computer b[],int n);                      //函数声明
int main()
{   computer a[100];                               //定义结构体数组 a
    int i,n;
    cin>>n;
    for(i=0;i<n;i++)
        cin>>a[i].op1>>a[i].ch>>a[i].op2;
    fun(a,n);                                      //函数调用
    return 0;
}
```

题 2.6 计算器,采用结构体指针作函数参数 2(地址调用)。编写一个通用计算器结构体,当输入两个整数及运算符后,可以进行算术四则运算。

要求:被 0 除时给出错误提示;运算符不是+、-、*、/时给出错误提示;需要一次输入 n 个计算题,n 也从键盘输入;要求通过函数调用实现,结构体指针作为函数参数(地址调用),函数声明形式为 void fun(computer *pb,int n);。

```
前置代码:
#include <iostream>
using namespace std;
struct computer                                    //计算器结构体
{   int op1,op2;                                   //两个操作数
    char ch;                                       //运算符
};
void fun(computer *pb,int n);                      //函数声明
int main()
{   computer a[100];                               //定义结构体数组 a
    int i,n;
    cin>>n;
    for(i=0;i<n;i++)
```

```
        cin>>a[i].op1>>a[i].ch>>a[i].op2;
    fun(a,n);                                   //函数调用
    return 0;
}
```

题 2.7　计算器,采用动态结构体数组。编写一个通用计算器结构体,当输入两个整数及运算符后,可以进行算术四则运算。

要求:被 0 除时给出错误提示;运算符不是+、-、*、/时给出错误提示;需要 n 个计算题,n 也从键盘输入;要求根据 n 定义动态结构体数组。

```
前置代码:
#include <iostream>
using namespace std;
struct computer                             //计算器结构体
{   int op1,op2;                            //两个操作数
    char ch;                                //运算符
};
int main()
{   int i,n;
    cin>>n;
    computer *p=new computer[n];            //根据 n 的值动态申请定义结构体数组
```

题 2.8　计算器类设计。编写一个通用计算器类,当输入两个整数及运算符后,可以进行算术四则运算。要求:被 0 除时给出错误提示;运算符不是+、-、*、/时给出错误提示。

```
前置代码:
#include <iostream>
using namespace std;
class computer              //计算器类定义
{   //默认访问权限是私有
    int op1,op2;            //两个操作数
    char ch;                //运算符
```

```
后置代码:
int main()
{   computer a;             //定义对象
    int b,c;
    char d;
    cin>>b>>d>>c;           //思考为什么不能直接使用 cin>>a.op1>>a.ch>>a.op2;?
    a.set(b,d,c);           //通过 a 对象的公有成员函数调用修改 a 对象的私有数据成员
    a.show();               //计算并输出结果
    return 0;
}
```

题 2.9 计算平均成绩和最高成绩，采用动态单链表。设单链表有3个动态创建的结点，如图2.5所示。要求计算并输出平均成绩以及最高成绩。

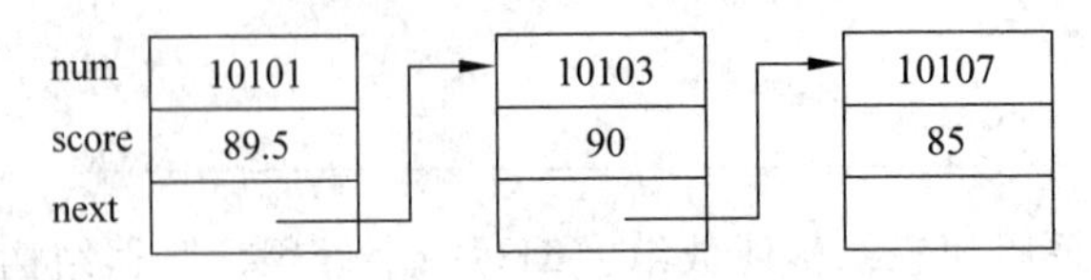

图 2.5 有3个结点的动态链表

提示：动态创建的结点需要通过代码释放，否则可能发生内存泄漏错误。因此在计算平均成绩以及最高成绩并输出后，需要使用如下代码释放内存：

```
p=head;
while(p!=NULL)
{
    p1=p->next;
    delete p;
    p=p1;
}
```

无输入。

输出

```
平均成绩:88.17
最高分:10103 90.00
```

题 2.10 报数游戏，采用动态单链表。假设13人围成一圈，从第一个人开始顺序报号1,2,3,1,2,3,…。凡是报3的人退出圈子。找出最后留在圈子中的人原来的序号。要求用链表实现。

提示：结点使用的结构体定义为

```
struct people
{   int num;                              //存放原始位置序号
    struct people *next;                  //指向下一个结点地址
};
```

每当报数为3的人退出时，实际上就是从链表删除一个结点。

无输入。

输出

```
13
```

另外，本章提供两个拓展题，以强化读者对结构体数组和链表的掌握。

拓展题 1 例2.5每次运行都要输入n组计算题目很麻烦，如果随机产生n组操作数和运算符，在上述代码基础上如何修改？提示：需要用到srand函数和rand函数。

拓展题 2 如果随机产生n组操作数和运算符用动态单链表保存，在例2.8代码基础上如何修改？提示：需要用到srand函数和rand函数。要求链表创建、删除、插入、清空等操作使用函数。

第 3 章 构造函数与对象初始化

3.1 由成员函数完成的对象初始化

与变量类似，由于对象定义时，其私有数据成员在类的外部不能直接进行初始化，因此一旦建立一个对象，局部对象的私有数据成员的初值是不确定的，全局对象和静态对象在定义时初值为 0。

如何给局部对象的数据成员一个有意义的初值？一种方法是由成员函数完成，即在类中必须定义一个具有初始化功能的成员函数。每当创建一个对象时，就调用这个成员函数，实现初始化。另一种方法在 3.2 节介绍。

[**例 3.1**] 由成员函数进行对象初始化的实例。

```
// L3_1.cpp
#include <iostream>
using namespace std;
class computer                              //计算器类定义
{   //默认访问权限是私有
    int op1;                                //操作数
    char ch;                                //运算符
    int op2;                                //操作数
public:
    void Set(int b,char d,int c)
    {  op1=b; ch=d; op2=c;  }
    void Show();
    void Init()
    {  op1=3; ch='+';op2=5;  }
};
void computer::Show()                       //成员函数类外定义
{   switch(ch)
    {   case '+':cout<<op1+op2<<endl;break;
        case '-':cout<<op1-op2<<endl;break;
        case '*':cout<<op1*op2<<endl;break;
        case '/':if(op2==0)  cout<<"不能被 0 除"<<endl;
            else             cout<<op1/op2<<endl;
            break;
        default:cout<<"运算符有错"<<endl;
    }
```

```
}
int main()
{   computer a;                            //定义对象
    a.Init();                              //通过成员函数进行对象初始化
    a.Show();                              //计算并输出结果
    return 0;
}
```

输出

```
8
```

例 3.1 中这种将初始化工作交由成员函数 Init 完成的方式使系统多了一道处理过程——函数调用,这增加了代码,实现初始化的机制并不理想。图 3.1 是为了辅助理解例 3.1 代码而绘制的类图。

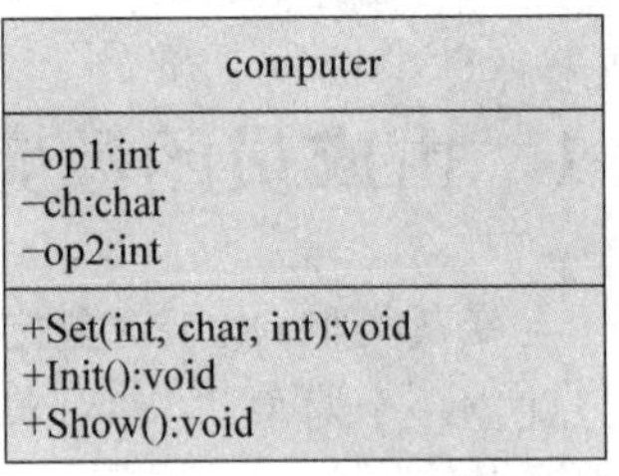

图 3.1　computer 类图

3.2　由构造函数完成的对象初始化

当一个对象被创建时,会发生两件事:

(1) 为对象分配内存。

(2) 调用构造函数来初始化内存。

如果定义对象数组,则构造函数将被调用多次,即对每个数组成员对象的创建都要调用一次构造函数。

每个类对象都必须在构造函数中诞生,一个类可能定义一个或多个构造函数,编译程序按对象构造函数声明中使用的形参与创建对象的实参比较,确定使用哪个构造函数,这与普通重载函数的使用方法类似。

构造函数是一种用于创建对象的特殊成员函数,调用它为类对象分配空间,给它的数据成员赋初值,以及其他请求资源的工作。

在包含对象成员的类对象被创建时,需要对对象成员进行创建,相应地要调用对象成员的构造函数。这个语法将在学习类组合时讲解。

由于类的唯一性和对象的多样性,C++ 规定构造函数与类同名。

构造函数有以下特点:

(1) 构造函数的作用是在对象被创建时使用特定的值构造对象,或者说将对象初始化为一个特定的状态。

(2) 在对象创建时由系统自动调用。

(3) 如果程序中未声明,则系统自动产生一个默认构造函数。

(4) 构造函数可以有参数,也可以重载。可以为内联函数、重载函数、带默认形参值的函数。

(5) 构造函数无返回类型,但是不要加 void。

注意:在类体外定义构造函数时,其函数名前要加上"类名::"。

3.2.1　默认构造函数

C++ 规定,每一个类必须有一个构造函数,没有构造函数就不能创建任何对象。因此,如果在类中未显式定义构造函数,则 C++ 会提供一个默认构造函数,该默认构造函数是一个无参数的构造函数,仅仅负责创建对象,而不做任何初始化工作。

与变量定义类似,在用默认构造函数创建对象时,如果创建的是全局对象或静态对象,则对象成员数据全为 0;如果创建的是局部对象,其成员数据是无意义的随机数。例如,例 3.1 中定义 a 对象时,系统其实已经自动调用了一个默认构造函数,只不过数据成员的值是不确定的,所以才需要调用 Init 成员函数对数据成员进行初始化。

★**注意**:只要一个类定义了一个构造函数,C++ 就不再提供默认构造函数。如还需要无参数构造函数,则必须自己定义。

3.2.2　带参数的构造函数

如果需要将类对象按不同特征初始化为不同的值,应采用带参数的构造函数。

[**例 3.2**]　用带参数的构造函数进行对象初始化的实例。

```
// L3_2.cpp
#include <iostream>
using namespace std;
class computer                              //计算器类定义
{   //默认访问权限是私有
    int op1;                                //操作数
    char ch;                                //运算符
    int op2;                                //操作数
public:
    void Set(int b,char d,int c)
    {  op1=b;ch=d; op2=c;   }
    void Show();
    computer(int b,char d,int c)
    {  op1=b;ch=d; op2=c;   }
};
void computer::Show()                       //成员函数类外定义
{   switch(ch)
    {   case '+':cout<<op1+op2<<endl;break;
        case '-':cout<<op1-op2<<endl;break;
        case '*':cout<<op1*op2<<endl;break;
        case '/':if(op2==0)   cout<<"不能被 0 除"<<endl;
            else              cout<<op1/op2<<endl;
            break;
        default:cout<<"运算符有错"<<endl;
    }
}
int main()
```

```
{   computer a(3,'+',5);                    //定义对象并初始化
    a.Show();                               //计算并输出结果
    return 0;
}
```

输出

```
8
```

从例 3.2 的代码可以看出，定义对象时需要带参数，才会调用带参数的构造函数完成对象初始化的工作，例如 computer a(3,'+',5);。带参数的构造函数在定义对象时由系统自动调用，并且只调用一次。因此在 main 函数中看不到调用形式。这种将初始化工作交由带参数的构造函数完成的方式由系统自动调用，省去了调用的麻烦，使定义类对象包含了为对象分配存储空间和初始化的双重任务。这种实现初始化的机制较为理想。

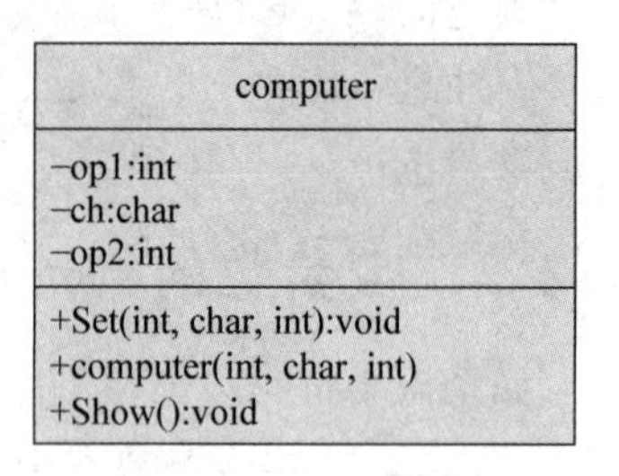

图 3.2 computer 类图

从例 3.2 可以看到，computer 构造函数虽然没有返回值，但是不需要加 void。另外，如果在类体外定义构造函数，其函数名前要加上“类名::”。图 3.2 是为了辅助理解例 3.2 代码而绘制的类图。

★**注意**：构造函数可采用以下两种方式将值赋给其成员。

(1) 在构造函数体内进行成员变量的赋值，推荐使用这种方式。如例 3.2 中所示：

```
computer(int b,char d,int c)
{   op1=b; ch=d; op2=c;                     //在函数体内赋值
}
```

(2) 使用函数体前的初始值表，如下所示：

```
computer(int b,char d,int c):op1(b),ch(d),op2(c){ }
```

初始值表与函数之间用冒号分隔，依次指定形参初始化某个数据成员。函数体是空的。读者对这种初始化方法了解即可。

形参如果与数据成员同名，如何识别？实际上，在每个类的成员函数中都隐含了一个 this 指针，该指针指向正在调用成员函数的对象。例如：

```
computer(int op1,char ch,int op2)
{   this->op1=op1;
    this->ch=ch;
    this->op2=op2;
}
```

在 computer 构造函数中，3 个形参与数据成员同名，所以使用 this 指针进行区别。如果不同名，可以不用 this 指针。类的其他成员函数遇到形参与数据同名的情况，也用 this 指针进行同样的区分。

3.2.3　无参数的构造函数

只要一个类定义了一个构造函数，C++ 就不再提供默认构造函数。如还需要无参数的构造函数，则必须自己定义。

［**例 3.3**］　用带参数的构造函数进行对象初始化的实例。

```
// L3_3.cpp
#include <iostream>
using namespace std;
class computer                              //计算器类定义
{  //默认访问权限是私有
   int op1,op2;                             //两个操作数
   char ch;                                 //运算符
public:
   void Set(int b,char d,int c)
   {  op1=b;op2=c;ch=d;  }
   void Show();
   computer(int b,char d,int c)             //带参数的构造函数
   {  op1=b;ch=d;op2=c;  }
   computer()                               //无参构造函数
   {   op1=3;ch='+';op2=5;   }
};
void computer::Show()                       //成员函数类外定义
{  switch(ch)
   {  case '+':cout<<op1+op2<<endl;break;
      case '-':cout<<op1-op2<<endl;break;
      case '*':cout<<op1*op2<<endl;break;
      case '/':if(op2==0)  cout<<"不能被 0 除"<<endl;
          else             cout<<op1/op2<<endl;
          break;
      default:cout<<"运算符有错"<<endl;
   }
}
int main()
{  computer a(9,'/',2),b;                   //定义对象并初始化
   a.Show();                                //计算并输出结果
   b.Show();                                //计算并输出结果
   return 0;
}
```

输出

```
4
8
```

从例 3.3 代码可以看出，定义对象 a 时带参数，才会调用带参数的构造函数完成对象初

始化的工作,例如 computer a(9,'/',2);。如果要定义一个不带参数的对象 b,则会调用无参数的构造函数完成对象初始化的工作。图 3.3 是为了辅助理解例 3.3 代码而绘制的类图。

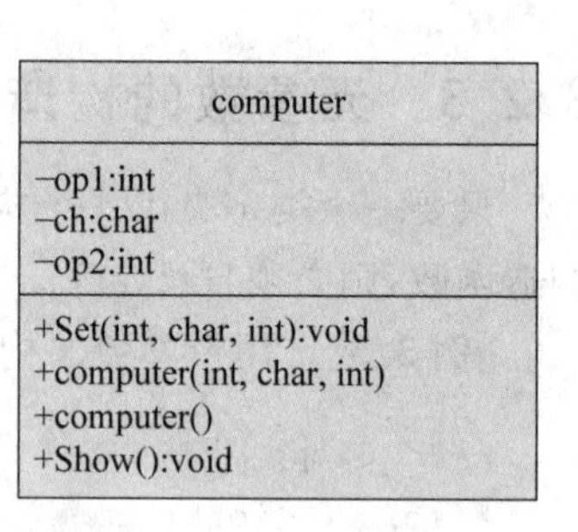

图 3.3 computer 类图

由于构造函数与类同名,因此例 3.3 中出现的两个构造函数的函数名相同,只是参数不同,这个语法现象被称为构造函数重载。C++ 根据对象定义时所带参数类型和个数选择合适的构造函数。

注意:由于类名是成员函数名的一部分,所以一个类的成员函数与另一个类的成员函数即使同名,也不认为是重载,因为作用域不同。例如,Date 类的 Set 函数与 computer 类的 Set 函数尽管同名,也不认为是重载,因为这两个函数属于不同的类,作用域不同。

所谓函数重载,是指一组参数和返回值不同的函数共用一个函数名。重载的目的是简化编程,增加可读性。

★**注意**:重载函数之间必须在参数的类型或个数方面有所不同。只有返回值类型不同的几个函数不能重载。例如,下面一组 add 函数是重载函数,编译器将根据实参和形参的类型及个数的最佳匹配来选择调用哪一个函数。

```
int add(int x, int y);                    //参数类型不同
float add(float x, float y);              //参数类型不同
int add(int x, int y);                    //参数个数不同
int add(int x, int y, int z);             //参数个数不同
```

但是下面一组 add 函数不是重载函数,因为编译器不以形参名来区分。

```
int add(int x,int y);
int add(int a,int b);
```

另外,下面一组 add 函数也不是重载函数,因为编译器不以返回值来区分。

```
int add(int x,int y);
void add(int x,int y);
```

重要提示:不要将不同功能的函数声明为重载函数,以免出现调用结果的误解、混淆。下面一组虽然是重载函数,语法没有错误,但是这样写代码不好。

```
int add(int x,int y)
{   return x+y;   }
float add(float x,float y)
{   return x-y;   }
```

3.2.4 构造函数带默认值

函数定义时,可在形参列表中预先给出一些默认值。当调用这种函数时,如果为相应参数给出实参,则用实参初始化对应形参;如果没给出,则自动采用预先给定的默认形参值。

★**注意**：要保证所有的默认参数均放在参数表的最后，即默认参数值必须按从右向左的顺序声明。例如：

```
void func(int x, int n1 =1, int n2 =2);        //正确
int add(int x,int y=5,int z=6);                //正确
int add(int x=1,int y=5,int z);                //错误
int add(int x=1,int y,int z=6);                //错误
```

函数参数默认值的给出方式有两种：

(1) 调用出现在函数体实现之前时，默认形参值必须在函数原形中给出。例如：

```
int add(int x=5,int y=6);                      //函数声明时给出参数的默认值
void main(void)
{   add();                                     //调用在实现前
}
int add(int x,int y)
{   return x+y;   }
```

(2) 当调用出现在函数体实现之后时，默认形参值需在函数实现时给出。

```
int add(int x=5,int y=6)                       //函数定义时给出参数的默认值
{   return   x+y;   }
void main(void)
{   add();                                     //调用在实现后
}
```

[**例 3.4**]　普通函数带默认值实例。

```
// L3_4.cpp
#include <iostream>
using namespace std;
int add(int x=5,int y=6)
{   return x+y;
}
int main( )
{   cout<<add(10,20)<<endl;                    //10+20
    cout<<add(10)<<endl;                       //10+6
    cout<<add()<<endl;                         //5+6
    return 0;
}
```

输出

```
30
16
11
```

[**例 3.5**]　用带默认值的构造函数进行对象初始化的实例。

```
// L3_5.cpp
```

```
#include <iostream>
using namespace std;
class computer                                    //计算器类定义
{   //默认访问权限是私有
    int op1,op2;                                  //两个操作数
    char ch;                                      //运算符
public:
    void Set(int b,char d,int c)
    {  op1=b;op2=c;ch=d;  }
    void Show();
    computer(int b=3,char d='+',int c=5)          //带默认值的构造函数
    {  op1=b;ch=d;op2=c;  }
};
void computer::Show()                             //成员函数类外定义
{   switch(ch)
    {   case '+':cout<<op1+op2<<endl;break;
        case '-':cout<<op1-op2<<endl;break;
        case '*':cout<<op1*op2<<endl;break;
        case '/':if(op2==0)   cout<<"不能被0除"<<endl;
            else              cout<<op1/op2<<endl;
            break;
        default:cout<<"运算符有错"<<endl;
    }
}
int main()
{   computer a(9,'/',2),b(9,'/'),c(9),d;        //定义对象并初始化
    a.Show();                                     //计算并输出结果:9/2=4
    b.Show();                                     //计算并输出结果:9/5=1
    c.Show();                                     //计算并输出结果:9+5=14
    d.Show();                                     //计算并输出结果:3+5=8
    return 0;
}
```

输出

```
4
1
14
8
```

从例3.5可以看出,构造函数带默认值时可以身兼数职,满足不同对象初始化的需求。带参数的构造函数和无参数的构造函数可以合并定义,用一个带默认值的构造函数定义即可。

图3.3所示的类图可以辅助理解例3.5代码,因此这里不再绘制例3.5代码的类图。

3.3 课堂练习

日期类带多个重载的构造函数，包含数据成员年、月、日。图 3.4 所示的类图可以辅助理解日期类的代码。日期类代码如下：

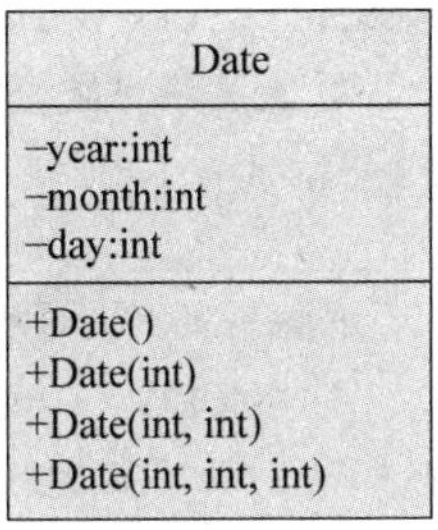

Date
-year:int -month:int -day:int
+Date() +Date(int) +Date(int, int) +Date(int, int, int)

图 3.4　Date 类图

```
#include <iostream>
using namespace std;
class Date
{
private:
    int month,day,year;
public:
    Date();
    Date(int d);
    Date(int m,int d);
    Date(int y,int m,int d);
};
Date::Date()
{   year=1995; month=4; day=15;
    cout<<year<<"/"<<month<<"/"<<day<<endl;
}
Date::Date(int d)
{   year=1995;month=4; day=d;
    cout<<year<<"/"<<month<<"/"<<day<<endl;
}
Date::Date(int d,int m)
{   year=1995;month=m; day=d;
    cout<<year<<"/"<<month<<"/"<<day<<endl;
}
Date::Date(int d,int m,int y)
{   year=y;month=m; day=d;
    cout<<year<<"/"<<month<<"/"<<day<<endl;
}
int main()
{   Date aday;
    Date bday(10);
    Date cday(12,2);
    Date dday(18,9,2017);
    return 0;
}
```

(1) 运行结果是多少？

(2) 将该程序中多个重载的构造函数整合为一个带默认值的构造函数，main 函数不变，如何修改？

3.4 课后习题

本章侧重构造函数用法。要求画出题 3.1～题 3.8 题对应类的类图。要求是带类型、参数、访问权限等信息的长式类图。

题 3.1 问候类设计与测试。从键盘输入姓名(不超过 10 个字符)，要求输出"Hello，姓名"格式的问候语字符串。

```
C++写的面向过程的代码如下：
#include <iostream>
using namespace std;
int main()
{   char msg[10];
    cin>>msg;
    cout<<"Hello,"<<msg<<endl;
    return 0;
}
```

要求改写上述面向过程的代码，定义一个问候类，并测试该类。

输入

```
China
```

输出

```
Hello,China
```

题 3.2 圆类设计与测试。从键盘上输入半径，输出圆面积，π 取 3.14。

```
C++写的面向过程的代码如下：
#include <iostream>
using namespace std;
int main()
{   double r;
    cin>>r;
    cout<<"面积="<<3.14 * r * r<<endl;
    return 0;
}
```

```
后置代码：
int main()
{   double a;
    cin>>a;
    Circle b;                                        //定义对象 b
    b.Set(a);                                        //修改半径的值
```

```
    b.Show();                                             //输出面积
    return 0;
}
```

要求改写上述面向过程的代码，定义一个圆类，并测试该类。

输入

```
4.5
```

输出

```
面积=63.585
```

题 3.3　圆类对象初始化 1。从键盘上输入半径，输出圆面积，π 取 3.14。思考：本题采用哪种对象初始化方法？

```
后置代码：
int main()
{   double r1;
    cin>>r1;
    Circle a;
    a.Init();
    a.Show();
    a.Set(r1);
    a.Show();
    return 0;
}
```

输入

```
4.5
```

输出

```
面积=314
面积=63.585
```

题 3.4　圆类对象初始化 2。从键盘上输入半径，输出圆面积，π 取 3.14。思考：本题采用哪种对象初始化方法？

```
后置代码：
int main()
{   double r1;
    cin>>r1;
    Circle a,b(r1);
    a.Show();
```

```
    b.Show();
    return 0;
}
```

输入

```
4.5
```

输出

```
面积=314
面积=63.585
```

题3.5 问候类对象初始化。从键盘输入姓名(不超过10个字符),要求输出"Hello,姓名"格式的问候语字符串。

```
后置代码:
int main()
{   char s[10];
    cin>>s;
    HelloWorld a(s),b;
    a.Show();
    b.Show();
    return 0;
}
```

输入

```
China
```

输出

```
Hello,China
Hello,jsj16
```

题3.6 三角形类的设计与实现。定义一个三角形类,求其面积和周长。本题是题1.5的类定义版本。

从键盘输入三角形的3条边,其面积计算方法如下:

假设3条边长为a、b、c,p=(a+b+c)/2,则面积s用以下公式求出:$s^2=p*(p-a)*(p-b)*(p-c)$。

```
后置代码:
int main()
{   double a,b,c;
    cin>>a>>b>>c;                          //从键盘输入3条边
    Triangle x(a,b,c);                     //定义一个三角形对象,带参数
    x.ShowMe();                            //输出面积和周长
```

```
    cin>>a>>b>>c;                                        //从键盘重新输入3条边
    x.Set(a,b,c);                                        //修改3条边的值
    x.ShowMe();                                          //输出修改后的面积和周长
    return 0;
}
```

输入

```
3.5 4.5 5.5
13.5 14.5 15.5
```

输出

```
面积=7.85489
周长=13.5
面积=90.1707
周长=43.5
```

题3.7　日期类的设计与实现。定义一个日期类，该类有年、月、日3个私有数据成员。公有成员函数按指定格式输出日期，要求定义两个构造函数：无参构造函数和普通参数的构造函数。在主函数中通过构造函数进行对象初始化，以年-月-日格式输出日期。

思考：

(1) 为什么a3.Print();语句输出"日期是2012-2-27"?

(2) 为什么a3对象调用的默认复制构造函数没有输出提示文本?

```
前置代码:
#include <iostream>
#include <stdlib.h>                                      //string类
using namespace std;
class Date
{
private:
    int year;
    int month;
    int day;
public:
    void Print()                                         //输出
    {   cout<<"日期是"<<year<<"-"<<month<<"-"<<day<<endl;   }
    //在类中补充各个构造函数的定义
```

```
后置代码:
};                                                       //类的定义结束
int main()
{   Date a1(2012,2,27);                                  //调用带普通参数的构造函数
    a1.Print();
    Date a2;                                             //调用无参数的构造函数
```

```
    a2.Print();
    Date a3(a1);                    //调用默认复制构造函数,此句与 Date a3=a1;等价
    a3.Print();
    return 0;
}
```

无输入。

输出

```
调用了带普通参数的构造函数
日期是 2012-2-27
调用了无参数的构造函数
日期是 0-0-0
日期是 2012-2-27
```

题 3.8 长方形类设计与实现。定义一个长方形类,该类数据成员有长和宽两个私有数据。公有成员函数按指定格式输出长和宽,此外还有一个带默认参数值的构造函数(默认长是5,宽是3)。要求补充输出函数的类外定义,并在主函数中定义3个对象,分别调用带默认参数的构造函数以不同方式实现长和宽的输出。

```
后置代码:
int main()
{   Rectangle x1;                    //长和宽全部使用默认值,即默认长是 5,宽是 3
    x1.Print();
    Rectangle x2(20);                //宽使用默认值,给长传递值 20
    x2.Print();
    Rectangle x3(20,10);             //长和宽都不使用默认值,长是 20,宽是 10
    x3.Print();
    return 0;
}
```

无输入。

输出

```
长是 5,宽是 3
长是 20,宽是 3
长是 20,宽是 10
```

第 4 章 复制构造函数与析构函数

4.1 构造函数回顾

[例 4.1] 问候类中数据成员是字符串数组的实例。

```
// L4_1.cpp
#include <iostream>
#include <cstring>                              //字符串函数声明所在的头文件
using namespace std;
class HelloWorld
{
private:
    char msg[10];                               //问候信息
public:
    void Show()
    {  cout<<"Hello,"<<msg<<endl;  }
    HelloWorld(char s[])                        //构造函数的参数是数组名
    {  strcpy(msg,s);  }
    HelloWorld()                                //无参数的构造函数
    {  strcpy(msg,"LiMing");  }
};
int main()
{   char s[10];
    cin>>s;
    HelloWorld a(s),b;
    a.Show();
    b.Show();
    return 0;
}
```

输入

```
wangbo
```

输出

```
Hello,wangbo
Hello, jsj16
```

在例4.1中，由于a对象带参数，b对象不带参数，因此需要定义两个构造函数分别处理a、b对象的初始化。当然二合一定义一个带默认值的构造函数也可以。

例4.1中数据成员msg是字符串数组，两个构造函数中都需要调用strcpy函数实现字符串之间的赋值，所以需要#include <cstring>，这在Dev-Cpp中必须包含，在moodle平台中可以省略。图4.1是配合理解例4.1的类图。

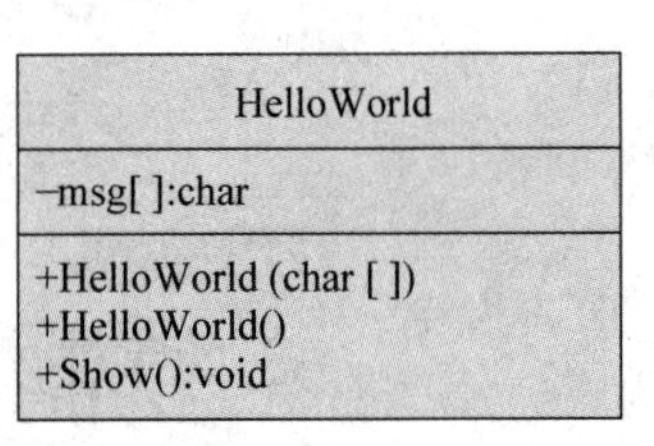

图4.1 HelloWorld类图

C语言中表示字符串数据除了可以采用字符数组之外，也可以采用字符指针。无论用哪种方式表示字符串，都需要调用strcpy函数实现字符串之间的赋值，这比较烦琐。C++的字符串类(string)为表示字符串数据提供了一种新的简便方法。

string类是C++提供的字符串类，其主要功能是对字符串进行操作。string类定义的变量称为字符串对象，该对象可以直接用字符串常量赋值，如例4.1所示；也可以调用string类中定义的成员函数。

［**例4.2**］ 字符串对象初始化以及连接字符串实例。

```
// L4_2.cpp
#include <iostream>
#include <string>                    //字符串函数声明所在的头文件,在 Dev-Cpp 和 moodle
                                     //平台中都可以省略
using namespace std;
int main()
{   string m_str1="abc";             //用一个字符串常量给一个字符串对象赋值
    string m_str2=m_str1;            //用一个已有的对象 m_str1 给新定义的 m_str2 对象初始化
    string m_str3=m_str1+m_str2;     //执行本行后,m_str3 的值应该是 abcabc
    if(m_str1==m_str2)
        cout<<"相等"<<endl;
    else
        cout<<"不等"<<endl;
    cout<<m_str3<<endl;
    m_str3=m_str1;                   //用 m_str1 对象给 m_str3 对象赋值
    cout<<m_str3<<endl;
    return 0;
}
```

输出

```
相等
abcabc
abc
```

例4.2中使用＋运算符连接两个字符串，使用＝＝运算符比较两个字符串。这里的＋、＝＝涉及运算符重载，在后续章节再详解。另外，例4.2使用cout＜＜输出字符串，当然使用cin＞＞m_str3；也可以从键盘输入一个字符串。

例4.2中有两个赋值语句，都是用已经定义的m_str1给左边的对象赋值，这与结构体变量赋值类似，就是将已经定义的对象的数据成员逐一赋值给左边对象的数据成员。但是这两条语句存在区别：string m_str2＝m_str1；语句有新对象 m_str2 的定义，系统将调用复制构造函数；而 m_str3＝m_str1；没有新对象的定义，不会调用任何构造函数。

★**注意**：使用 string 类，需要＃include ＜string＞，但是在 Dev-Cpp 中可以省略。

[**例 4.3**]　string 类作函数参数实例。

```
// L4_3.cpp
#include<iostream>
#include <string>
using namespace std;
void seta(string s)
{  cout<<s<<" of China"<<endl;  }
void setb(const string & s)
{  cout<<s<<" of China"<<endl;  }
int main()
{   seta("Wangbo");
    setb("Liuxiang");
    cout<<"See how they run"<<endl;
    return 0;
}
```

输出

```
Wangbo of China
Liuxiang of China
See how they run
```

例 4.3 中 seta 函数的形参直接使用 string 类对象，被调用时需要为形参对象分配空间；而 setb 函数的形参使用 string 类对象引用，这只是实参的一个别名，可以节省空间，避免不必要的内存分配。

例 4.3 中 setb 函数的形参对象引用 s 使用了 const 修饰符，这是为了防止 s 的内容被意外修改，从而增强程序的健壮性，因此，调用 setb 函数传递的 Liuxiang 这样一个字符串常量时，setb 函数的形参一定要用 const 修饰。如果实参是一个字符串对象，例如 string t＝("Liuxiang")； setb(t)；则 setb 函数的形参可以省略 const 修饰符。

在 C++ 中，使用修饰符 const 说明的类型被称为常类型，常类型的变量或对象的值是不能被更新的。因此，引入 const 之后就可以取代宏这个预编译指令了，这样做既继承了宏替换的优点，又消除了宏不能进行语法检查的缺点。例如，const int Max＝100； int Array[Max]；，如果 const int Max＝"100"；，编译时将给出语法错误。

思考：将例 4.1 中的数据成员类型定义为 string msg；，如何修改相应代码？分析构造函数中字符串赋值方式的变化。构造函数的形参为什么使用对象引用？构造函数的形参使用对象引用不加 const 修饰符可以吗？构造函数的形参直接使用对象与使用对象引用相比有何差别？

[例 4.4] 日期类中各种构造函数调用的实例。

```
//L4_4.cpp
#include <iostream>
using namespace std;
class Date
{
private:
    int year;
    int month;
    int day;
public:
    void Print()                    //输出
    {cout<<"日期是"<<year<<"-"<<month<<"-"<<day<<endl;}
    Date(int y,int m,int d)         //带普通参数的构造函数
    {   year=y; month=m; day=d;
        cout<<"调用了带普通参数的构造函数"<<endl;
    }
    Date()                          //无参构造函数
    {   year=0; month=0; day=0;
        cout<<"调用了无参构造函数"<<endl;
    }
};                                  //类的定义结束
int main()
{   Date a1(2012,2,27);             //调用带普通参数的构造函数
    a1.Print();
    Date a2;                        //调用无参数的构造函数
    a2.Print();
    Date a3(a1);                    //调用默认复制构造函数,此句与 Date a3=a1;等价
    a3.Print();
    return 0;
}
```

输出

```
调用了带普通参数的构造函数
日期是 2012-2-27
调用了无参数的构造函数
日期是 0-0-0
日期是 2012-2-27
```

Date
-year:int -month:int -day:int
+Date() +Date(int, int, int) +Print():void

图 4.2 Date 类图

图 4.2 可以辅助理解例 4.4 的代码。例 4.4 中没有定义复制构造函数,当执行到 Date a3(a1);语句时,系统就自动调用默认复制构造函数,将 a1 对象的数据成员的值逐一赋给 a3 对象的数据成员,所以 a3. Print();语句的输出结果与 a1. Print();语句的输出结果相同。但是默认复制构造函数不会输出调用复制构造函数的提示文

本，如果想输出这个提示文本，可以自定义复制构造函数。

4.2　复制构造函数

复制构造(copy constructor)函数不是必需的，如果一个类中没有定义复制构造函数，则系统自动生成一个默认复制构造函数，其功能是将已知对象的所有数据成员的值复制给对应对象的数据成员。

C++ 提供了用一个已知对象的值创建并初始化另一个新对象的方法，完成该功能的是复制构造函数。

复制构造函数有以下特点：

(1) 复制构造函数与类同名，没有返回类型。

(2) 复制构造函数只有一个形参，该参数是该类的对象的引用。

复制构造函数的格式如下：

```
<类名>::<复制构造函数名>(<类名>&<引用名>)
{<函数体>}
```

其中，复制构造函数名与类名相同。

如果在例 4.4 中的类定义里面添加复制构造函数定义，如下所示：

```
Date(Date &r)                          //复制构造函数
{   year=r.year; month=r.month; day=r.day;
    cout<<"调用了复制构造函数"<<endl;
}
```

则输出

```
调用了带普通参数的构造函数
日期是 2012-2-27
调用了无参数的构造函数
日期是 0-0-0
调用了复制构造函数
日期是 2012-2-27
```

补充定义了复制构造函数的例 4.4 在调用复制构造函数时会输出调用复制构造函数的提示文本。

★注意：复制构造函数的形参是该类对象的引用。

复制构造函数用于以下几种情况：

(1) 用于使用已知对象的值创建一个同类的新对象。

(2) 把对象作为实参进行函数调用时，系统自动调用复制构造函数把对象值传递给形参对象。

(3) 当函数的返回值为对象值时，系统自动调用复制构造函数利用返回的对象值创建一个临时对象，然后再将这个临时对象值赋给接收函数返回值的对象。

★注意：形参是对象，是要调用复制构造函数的。形参是对象引用则不会调用任何构造函数。

[例 4.5] 学生类复制构造函数使用实例。

```
//L4_5.cpp
#include <iostream>
#include <cstring>
using namespace std;
class CStuScore
{
public:                              //公有类型声明
    void Show()
    {   cout<<strName<<"的平均成绩为:"<<GetAverage()<<endl;   }
    CStuScore(char * pName,int no,float s0, float s1,float s2)
    {   strName=pName;
        iStuNO=no;
        fScore[0] =s0;
        fScore[1] =s1;
        fScore[2] =s2;
    }
private:                             //私有类型声明
    float fScore[3];                 //3 门课程成绩
    char * strName;                  //姓名
    int iStuNO;                      //学号
    float GetAverage();              //计算平均成绩
};
float CStuScore::GetAverage()        //计算平均成绩
{  return (float)((fScore[0] +fScore[1] +fScore[2])/3.0);   }
int main()
{   CStuScore oOne("LiMing",21020501,80,90,65),b(oOne);
    oOne.Show();
    b.Show();
    return 0;
}
```

输出

```
LiMing 的平均成绩为:78.3333
LiMing 的平均成绩为:78.3333
```

图 4.3 可以辅助理解例 4.5 的代码。例 4.5 中没有定义复制构造函数,当执行到 CStuScore b(oOne);语句时,系统就自动调用默认复制构造函数,将 oOne 对象的数据成员的值逐一赋给 b 对象的数据成员,所以 b.Show();语句的输出结果与 oOne.Show();语句的输出结果相同。

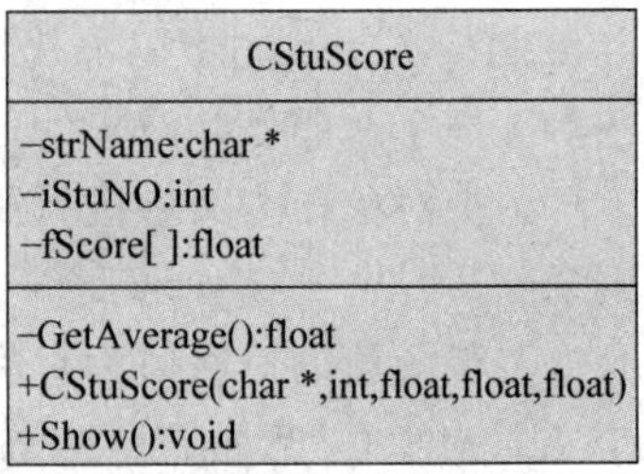

CStuScore
-strName:char * -iStuNO:int -fScore[ ]:float
-GetAverage():float +CStuScore(char *,int,float,float,float) +Show():void

图 4.3 CStuScore 类图

例 4.5 题代码存在以下瑕疵:

(1) C++ 默认提供的复制构造函数只是将对象逐个

成员的值依次复制(浅复制)。当对象的数据成员出现指针时,调用默认复制构造函数,由于只是指针值的复制(strName=r. strName,浅复制),即存在 oOne 和 b 对象的指针成员指向同一个内存空间的问题(即这两个对象共用一个内存空间)。

(2) 虽然定义了带参数的构造函数,但是 strName = pName;语句使 oOne 对象 strName 指针指向外部(例如 main 函数中)的内存地址,这将给程序带来不可预知的后果。

将例 4.5 的 main 函数改为如下代码:

```
int main()
{   char c[10]="LiMing";
    CStuScore oOne(c,21020501,80,90,65),b(oOne);
    oOne.Show();
    b.Show();
    strcpy(c,"wangbo");             //修改数组 c 的内容
    oOne.Show();
    return 0;
}
```

则外部数组 c 的内容改变时,oOne 对象的 strName=pName;使数据成员指向外部数组 c(例如 main 函数中)地址,这样相当于姓名数据可以被外部修改,也就意味着无法封装。

将例 4.5 的 main 函数再改为如下代码:

```
int main()
{   char * c=new char[10];
    strcpy(c,"LiMing");
    CStuScore oOne(c,21020501,80,90,65),b(oOne);
    oOne.Show();
    b.Show();
    delete []c;                     //释放动态数组 c
    oOne.Show();                    //发生内存问题
    return 0;
}
```

外部动态数组 c 被释放,oOne 对象的 strName=pName;使数据成员指向外部数组 c(例如 main 函数中)地址,这样姓名数据相当于无内存可存放,意味着 strName 成为野指针,会发生内存问题。

如何解决例 4.5 的这两个瑕疵?

4.3　析构函数

析构函数是一种用于撤销对象,回收对象占有资源的特殊成员函数,它与构造函数功能互补,成对出现。如果在类中未显式定义析构函数,系统会自动调用一个默认析构函数,该函数无参数,函数体为空。

析构函数不是必须定义的,通常使用默认析构函数即可。

析构函数有以下特点:

(1) 无返回类型,但是不要加 void。

(2) 无参数,因此不存在析构函数重载,只有一个析构函数。

(3) 在对象释放时由系统自动调用。

(4) 如果程序中未声明,则系统自动产生一个默认析构函数。

(5) 析构函数与构造函数的功能相对应,所以析构函数名是构造函数名前加一个逻辑反运算符“~”。

(6) 析构函数按照与调用构造函数相反的顺序被调用。

必须定义析构函数的情况如下:

(1) 构造函数打开一个文件,使用完文件时需要关闭文件。

(2) 从堆中分配了动态内存区,在对象消失之前必须释放。

[**例 4.6**] 学生类中析构函数定义的实例,即例 4.5 的改进。

```
//L4_6.cpp
#include <iostream>
#include <cstring>
using namespace std;
class CStuScore
{
public:                                 //公有类型声明
    void Show()
    {cout<<strName<<"的平均成绩为:"<<GetAverage()<<endl;}
    CStuScore(char * pName,int no,float s0, float s1,float s2)
    {   strName=new char[12];
        strcpy(strName,pName);
        iStuNO=no;
        fScore[0] =s0;
        fScore[1] =s1;
        fScore[2] =s2;
    }
    ~CStuScore()
    {   delete []strName;               //释放动态申请的内存
        delete []strStuNO;              //释放动态申请的内存
    }
private:                                //私有类型声明
    float    fScore[3];                 //3门课程成绩
    char * strName;                     //姓名
    int iStuNO;                         //学号
    float GetAverage();                 //计算平均成绩
};
float CStuScore::GetAverage()           //计算平均成绩
{  return (float)((fScore[0] +fScore[1] +fScore[2])/3.0);  }
int main()
{   CStuScore oOne("LiMing",21020501,80,90,65);//,b(oOne);
    oOne.Show();
```

```
    //b.Show();
    return 0;
}
```

输出

```
LiMing的平均成绩为:78.3333
```

图 4.4 可以辅助理解例 4.6 的代码。例 4.6 中,CStuScore 类的数据成员有一个指针,首先动态申请了内存用于姓名,并将申请的地址保存到 strName。然后通过 strcpy 的调用将形参传过来的字符串内容存入动态申请的内存。在对象撤销时,例 4.6 中定义的析构函数用于释放构造函数中动态申请的内存。这样 strName 的指向不会与外部(例如 main 函数中)地址有所关联了。

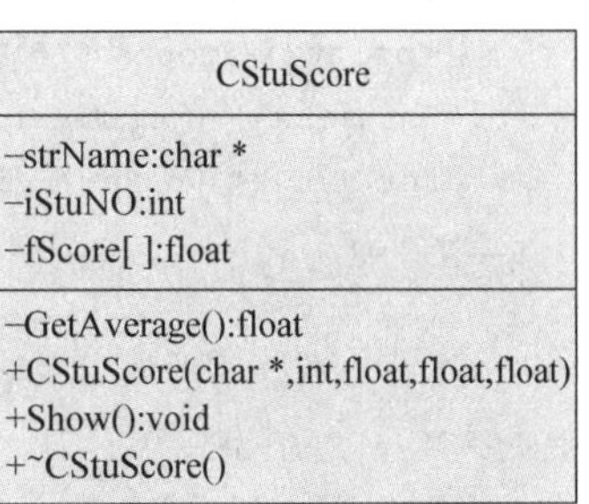

图 4.4　CStuScore 类图

★注意:C++ 中,类定义的构造函数中动态分配一段堆内存空间(new),撤销时由析构函数收回(delete)堆内存。

在例 4.6 中,如果 main 函数中 b 对象定义不注释掉,则 CStuScore b(oOne)将调用默认复制构造函数,会发生内存错误。出现这个错误的原因是 C++ 默认提供的复制构造函数只是对象逐个成员的值依次复制(strName=r. strName,浅复制)。当对象的数据成员出现指针时,调用默认的复制构造函数,由于只是指针值的复制,存在 oOne 和 b 对象的指针成员指向同一个内存空间的问题(即这两个对象共用一个内存空间),当程序结束运行前,调用析构函数先释放对象 b(析构函数调用顺序与构造函数调用顺序相反),将导致 oOne 对象的指针成员可能没有地方保存数据,释放 oOne 对象时也无堆内存可供析构函数释放,这就带来了内存问题。

这种情况下,必须定义复制构造函数,重新申请空间并将数据复制过来(即 strName=new char[12];strcpy(strName,pName);,深复制),这样多个对象的指针成员各自指向不同的内存空间,即使释放其中一个对象,也不会影响其他对象的指针成员使用。将下面的复制构造函数放到例 4.6 中,就不会出现内存错误了。

```
CStuScore(CStuScore &r)
{   strName=new char[12];
    strcpy(strName,r.strName);
    iStuNO=r.iStuNO;
    fScore[0] =r.fScore[0];
    fScore[1] =r.fScore[1];
    fScore[2] =r.fScore[2];
}
```

可见,类的数据成员出现指针时,务必谨慎使用。

[**例 4.7**]　构造函数与析构函数实例。

```
//L4_7.cpp
```

```
#include <iostream>
using namespace std;
class point
{
public:
    point(int xp,int yp)
    {  x=xp; y=yp;  }
    point(point& p);
    ~point() {cout<<"析构函数被调用"<<endl;}
    int getx() {return x;}
    int gety() {return y;}
private:
    int x,y;
};
point::point(point& p)
{   x=p.x; y=p.y;
    cout<<"复制构造函数被调用"<<endl;
}
point fun(point q);                    //函数声明
int main()
{   point M(12,20),P(0,0),S(0,0); //调用 3 次带参数的构造函数创建对象 M、P、S
    point N(M);                        //调用复制构造函数创建对象 N
    P=fun(N);                 //函数调用完成,调用析构函数两次,释放局部对象 R 以及形参对象 q
    S=M;                               //此句没有构造函数调用
    cout<<"P="<<P.getx()<<","<<P.gety()<<endl;
    cout<<"S="<<S.getx()<<","<<S.gety()<<endl;
    return 0;
}                                      //程序结束前调用 4 次析构函数,释放对象 N、S、P、M
point fun(point q)                     //形参是对象,参数传递时调用复制构造函数创建对象 q
{   cout<<"OK"<<endl;
    int x=q.getx()+10;
    int y=q.gety()+15;
    point R(x,y);                      //创建对象 R,调用带参数的构造函数
    return R;
}
```

输出

```
复制构造函数被调用
复制构造函数被调用
OK
析构函数被调用
析构函数被调用
P=22,35
S=12,20
析构函数被调用
```

析构函数被调用
析构函数被调用
析构函数被调用

例 4.7 中共创建了 6 个对象(N、S、P、M、局部对象 R 以及形参对象 q),使用了两次复制构造函数。注意分析运行结果,以便了解形式多样的构造函数调用以及构造函数与析构函数的调用顺序。

注意:当函数返回一个对象时,编译器会生成一个临时对象返回,大多数时候是无法避免这样的临时对象产生的,但是现代编译器(比如 Dev-Cpp)可以将这样的临时对象优化掉。

4.4 课堂练习

下面的程序段输出“姓名:wang,学号:1,语文:85.5”。

```
#include <iostream>
#include <string>
using namespace std;
class student
{
public:
    void output();
    void set(const string &p,int i,double x)
    {   name=p;
        num=i;
        m_c=x;
    }
private:
    string name;                    //姓名
    int num ;                       //学号
    double m_c;                     //语文成绩
};
void student::output()
{   cout<<"姓名:"<<name<<","
    <<"学号:"<<num<<","
    <<"语文:"<<m_c <<endl;
}
int main()
{   string x("wang");               //等价于 string x="wang";
    ____①____;                      //定义学生对象
    ____②____;                      //设置学生数据
    ____③____;                      //输出学生数据
    ____④____;                      //修改学生成绩
    return 0;
}
```

(1) 请在①～③处填空。

(2) 若要将语文成绩改为 92.1,请在④处填空。

(3) 若要为 student 类增加用于存放数学成绩的成员变量 m_math,请问在何处添加代码以及代码如何写?

(4) 添加数学成绩 m_math 后,需要相应地修改 set 函数和 output 函数,请问如何修改?

(5) 若要为 student 类增加公有 jstotal 成员函数用于计算语文与数学成绩之和作为函数返回值,请问在何处添加代码以及代码如何写?

(6) 如果要求在 main 函数中输出"总成绩: ×××",请问代码如何写?

(7) 若要为 student 类增加构造函数来传递参数完成初始化,姓名默认值是 wang,学号默认值是 1,语文和数学成绩的默认值是 0,请问在何处添加代码以及代码如何写?

(8) 在 main 函数中写出通过构造函数初始化对象的代码,并输出对象的姓名、学号、语文和数学成绩以及总成绩信息。

4.5 课后习题

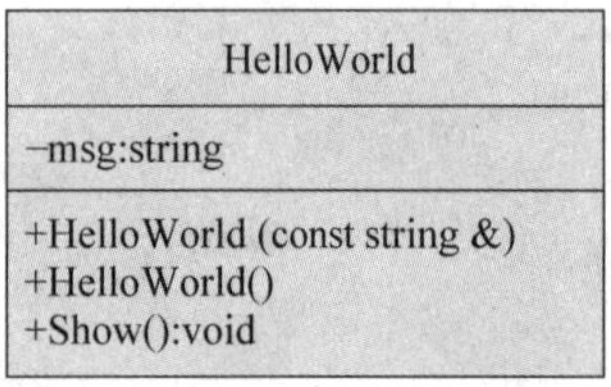

HelloWorld
-msg:string
+HelloWorld (const string &) +HelloWorld() +Show():void

图 4.5 HelloWorld 类图

本章重点是字符串对象用法和构造函数用法,了解析构函数用法。要求画出题 4.5～题 4.8 对应类的类图,要求是带类型、参数、访问权限等信息的长式类图。

题 4.1 问候类设计与测试 2。从键盘输入姓名(不超过 10 个字符),要求输出格式为"Hello,姓名"的问候语字符串。要求按如图 4.5 所示的类图定义一个问候类,并测试该类。

```
后置代码:
int main()
{   string s;
    cin>>s;
    HelloWorld a(s),b;
    a.Show();
    b.Show();
    return 0;
}
```

输入

```
China
```

输出

```
Hello,China
Hello,LiMing
```

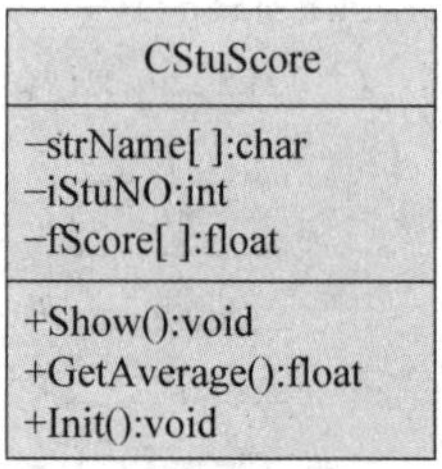

CStuScore
-strName[ ]:char -iStuNO:int -fScore[ ]:float
+Show():void +GetAverage():float +Init():void

图 4.6 CStuScore 类图

题 4.2 学生类设计与测试。要求按如图 4.6 所示的类图定义一个学生类，数据成员有姓名、学号、3 门课成绩，成员函数包括初始化、显示和计算平均值。测试的学生对象信息如下：

姓名：LiMing；学号：21020501；3 门课成绩：80，90，65。

思考：题 4.2 与题 4.3 在对象初始化上有何区别？

```
后置代码:
int main()
{   CStuScore oOne;
    oOne.Init();
    oOne.Show();
    return 0;
}
```

无输入。

输出

```
LiMing 的平均成绩为:78.3333
```

题 4.3　学生类设计与测试 2。要求按如图 4.7 所示的类图定义一个学生类，数据成员有姓名、学号、3 门课成绩，成员函数包括构造函数、显示和计算平均值。

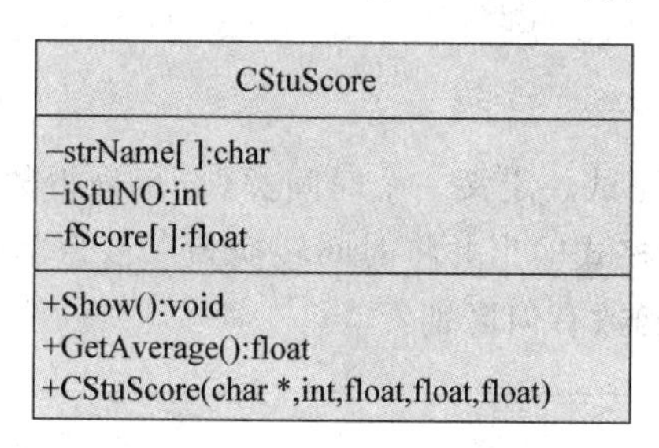

图 4.7　CStuScore 类图

思考：题 4.2 与题 4.3 在对象初始化上有何区别？题 4.3 与题 4.4 在数据成员上有何区别？

```
后置代码:
int main()
{   CStuScore oOne("LiMing",21020501,80,90,65);
    oOne.Show();
    return 0;
}
```

无输入。

输出

```
LiMing 的平均成绩为:78.3333
```

题 4.4　学生类设计与测试 3。要求按如图 4.8 所示的类图定义一个学生类，数据成员有姓名、学号、3 门课成绩，成员函数包括构造函数、显示和计算平均值。

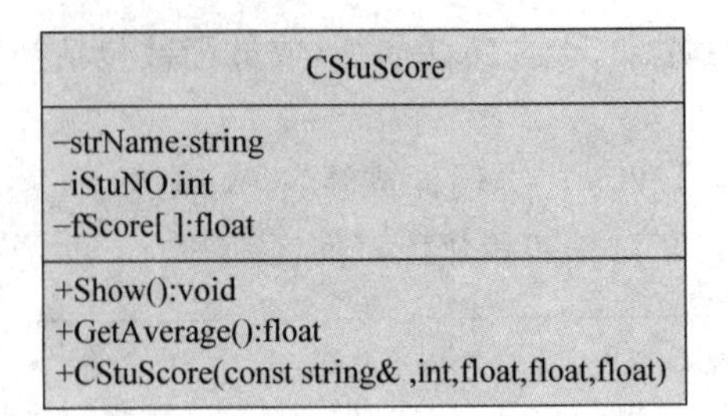

图 4.8 CStuScore 类图

思考：题 4.3 与题 4.4 在数据成员上有何区别？

```
后置代码：
int main()
{   CStuScore oOne("LiMing",21020501,80,90,65);
    oOne.Show();
    return 0;
}
```

无输入。

输出

```
LiMing 的平均成绩为:78.3333
```

题 4.5 时间类设计与测试。定义一个时间类，自行分析数据成员与成员函数，要求能实现将时间以“时:分:秒”的格式输出并将时间转换为以秒为单位的数输出。

思考：构造函数与 set 函数有何区别？

```
后置代码：
int main()
{   Time x;              //定义并初始化一个无参对象 x
    x.Print();           //输出 x 对象当前时间以及转化的秒数
    Time y(12,59,59);    //定义并初始化一个有参对象 y
    y.Print();           //输出 y 对象当前时间以及转化的秒数
    x.Set(1,34,5);       //修改 x 对象的私有数据成员的值
    x.Print();           //输出 x 对象当前时间以及转化的秒数
    Time z(y);           //调用默认复制构造函数,将 y 对象的值赋给 z 对象,等价于 Time z=y;
    z.Print();           //输出 z 对象当前时间以及转化的秒数
    return 0;
}
```

无输入。

输出

```
时间为 0:0:0
转为 0s
```

```
时间为 12:59:59
转为 46799s
时间为 1:34:5
转为 5645s
时间为 12:59:59
转为 46799s
```

题 4.6　树类的设计与测试。定义一个树类,它有数据成员树龄,成员函数 grow(int year)用于计算经过 year 年之后树的最新年龄,GetAge 函数用于提取树龄。

```
后置代码:
int main()
{   int y;
    cin>>y;
    Tree t1,t2(y);
    cout<<t1.GetAge()<<","<<t2.GetAge()<<endl;
    t1.grow(y);
    t2.grow(y);
    cout<<t1.GetAge()<<","<<t2.GetAge()<<endl;
    return 0;
}
```

输入

```
5
```

输出

```
0,5
5,10
```

***题 4.7**　电话簿类设计与测试。定义一个电话簿类,包括两个数据:北京工商大学的机构名称和编码,自行分析成员函数。要求通过对象从键盘上输入要查找的编码,查出与之对应的机构名称并输出。

注意:本题预设代码中的对象数组已经初始化。

```
后置代码:
int main()
{   btbucodesheet Code[]=
                  {btbucodesheet(11, "cailiao"),btbucodesheet(12, "caiji"),
                   btbucodesheet(13, "shang"),btbucodesheet(14, "jingji"),
                   btbucodesheet(15, "jixin"),btbucodesheet(16, "shipin"),
                   btbucodesheet(17, "lixueyuan"),btbucodesheet(18, "fama"),
                   btbucodesheet(19, "waiguoyu"),btbucodesheet(20, "yishuchuanmei"),
                   btbucodesheet(95, "gonghui"),btbucodesheet(96,"jiaowuchu"),
                   btbucodesheet(97,"renshichu"),btbucodesheet(98,"kejichu"),
                   btbucodesheet(99,"xiaoban")};
                                        //定义对象数组 Code 并初始化
```

```
    int i,a,f=0;                        //i 为循环变量,a 为要查找的编码
                                        //f 为是否找到的标示,默认为没有找到,即 0
    cin>>a;                             //输入要查找的编码
    for(i=0;i<15;i++)                   //查找
    {   if(Code[i].GetNum()==a)         //找到,注意无参函数调用不要少了()
        {   f=1;
            cout<<Code[i].GetName()<<endl;
            break;
        }
    }
    if(f==0)                            //没有找到
        cout<<"没找到"<<endl;
    return 0;
}
```

输入

11

输出

cailiao

*题 4.8** 圆类设计与测试*。定义一个圆类,自行分析数据成员和成员函数。要求圆类有构造函数和析构函数,从键盘输入半径,动态创建一个圆对象,圆周率用 3.14,计算圆面积和周长,输出圆的面积和周长之后删除创建的对象。要求引入析构函数。

```
后置代码:
int main()
{   double r1;
    cin>>r1;                        //从键盘输入半径
    Circle * x=new Circle;          //动态创建圆类对象指针 x,无参数的构造函数被调用
    x->Set(r1);                     //修改私有数据成员
    x->Print();                     //计算 x 对象指针指向的面积、周长
    //下面注释掉的 y 对象动态创建方法与 x 对象创建方法等价
    //Circle * y=new Circle(r1);    //动态创建圆类对象指针 y,带参数的构造函数被调用
    //y->Print();                   //计算 y 对象指针指向的面积、周长
    delete x;                       //从内存中删除对象 x
    return 0;
}
```

输入

2.5

输出

```
构造函数被调用
面积是 19.625
周长是 15.7
析构函数被调用
```

第 5 章 类和对象应用

5.1 基于项目的多文件管理

基于项目的多文件管理基于如下的规则：

(1) 将类的设计与类的使用分离，即类定义与 main 函数不在一个文件中。

(2) 将类的声明和类的成员函数实现分离，即类定义与成员函数定义不在一个文件中。

这么做的好处是：便于分工合作；便于软件的维护。

在 Dev-Cpp 中选择“文件”→“新建项目”菜单命令，将弹出如图 5.1 所示的对话框。

图 5.1 “新项目”对话框

图 5.1 中项目文件的扩展名是 dev，项目类型是控制台应用程序，项目语言是 C++ 项目，项目名称是 L5.1。注意将新建的项目文件保存到一个新建的子目录。

[**例 5.1**] 设计一个圆类，并计算圆的面积。要求基于项目的多文件管理方式。

```
//类的定义(Circle.h 文件)
class Circle
{
public:
    Circle(double a=0);
    double Area();
protected:
    double r;
};
```

```
//类的成员函数实现(Circle.cpp 文件)
#include "Circle.h"
Circle::Circle(double a)
{   r=a;   }
double Circle::Area()
{   return 3.14 * r * r;   }
//主函数(main.cpp 文件)
#include <iostream>
#include "Circle.h"
using namespace std;
int main()
{   Circle c(5);
    cout<<c.Area()<<endl;
    return 0;
}
```

输出

```
78.5
```

基于项目的多文件管理步骤(以例 5.1 的圆类定义和对象使用为例)如下:

(1) 创建一个控制台类型的项目 L5.1,带一个 main.cpp 文件,其内容是 main 函数。

(2) 在 L5.1 项目中为 Circle 类创建两个文件(circle.h 和 circle.cpp)。

① 手动添加代码:在 Dev-Cpp 左侧"项目管理"面板的项目名 L5.1 上右击,在快捷菜单中选择 New File(新建文件)命令,添加两个新文件,如图 5.2 所示。

将新建的两个文件保存到与项目文件同一个子目录下,取名 Circle.h 和 Circle.cpp,最后将例 5.1 有关代码复制到对应文件中即可。

② 系统自动加了框架代码。在 Dev-Cpp 左侧"查看类"面板中右击在快捷菜单中选择"新建类"命令,如图 5.3 所示。或者在"文件"菜单选择"新建"→"新建类"命令。

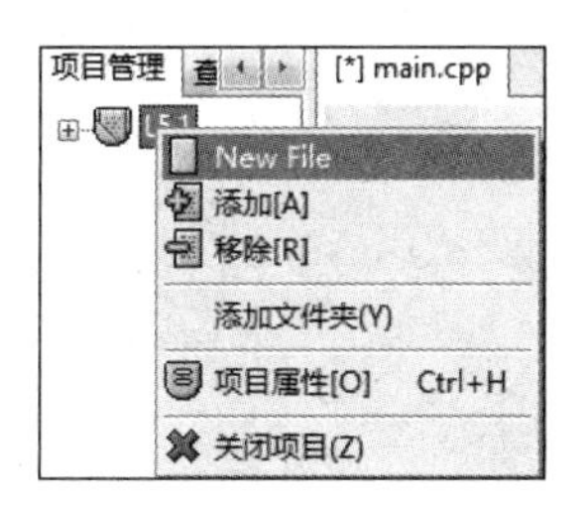

图 5.2　新建两个文件

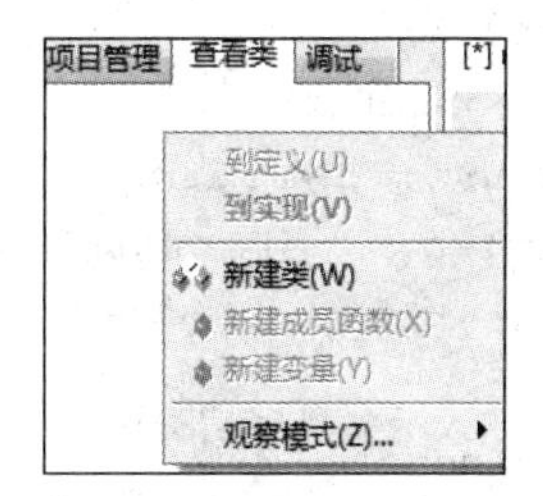

图 5.3　新建一个类

系统将弹出如图 5.4 所示的对话框。

在图 5.4 中输入类名 Circle,建议勾选"创建构造函数"复选框。可以选择性地输入构造函数参数 double a,当然不输入也可以。单击右侧的更改按钮"…"可以更改文件名,如果不改,则使用默认文件名 Circle.cpp 及 Circle.h。单击"创建"按钮之后,可以在 Dev-Cpp 左侧的"项目管理"面板看到系统自动创建了两个文件——Circle.cpp 及 Circle.h,如图 5.5 所示。最后将例 5.1 有关代码复制到对应文件中即可。注意这两个文件要与项目文件保存在同一个子目录下。

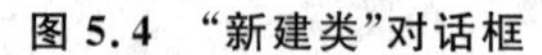

图 5.4 “新建类”对话框

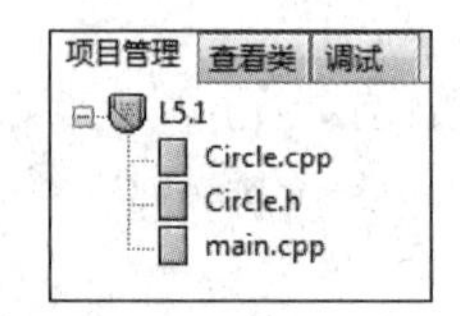

图 5.5 项目 L5.1 的文件

对于大型复杂程序一般采用基于项目的多文件管理，也就是说一个项目由多个文件构成。

［**例 5.2**］ 将第 4 章课堂练习的完整代码以基于项目的多文件管理形式组织。

```
//L5_2.cpp
#include <iostream>
#include <string>
using namespace std;
class student          //以下注释中的(1)~(8)对应第 4 章课堂练习的问题(1)~(8)的相关代码
{
public:
    void output();
    void set(const string &p,int i,double x,double y) //(4)
    {  name=p; num=i; m_c=x; m_math=y;  }
    double jstotal()                                  //(5)
    {  return m_c+m_math;  }
    student(const string &p="wang",int i=1,double x=0,double y=0)  //(7)
    {  name=p; num=i; m_c=x; m_math=y;  }
private:
    string name;                                      //姓名
    int num ;                                         //学号
    double m_c;                                       //语文成绩
    double m_math;                                    //数学成绩
};
void student::output()
{
    cout<<"姓名:"<<name<<","<<"学号:"<<num<<","
    <<"语文:"<<m_c<<","<<"数学:"<<m_math <<endl;   //(4)
}
```

```
int main()
{
   //string x("wang");                                    //等价于 string x="wang";
   //student s;                                           //(1)定义对象
   //s.set(x,1,85.5);                                     //(2)设置学生数据
   //s.output();                                          //(3)输出学生数据
   //s.set(x,1,92.1);                                     //(4)修改学生成绩数据
   //cout<<"总成绩:"<<s.jstotal()<<endl;                  //(6)
   student t;                                             //(8)定义对象 t
   t.output();                                            //(8)输出学生数据
   cout<<"总成绩:"<<t.jstotal()<<endl;                    //(8)
   student z("liuxiang",2,100,95);                        //定义对象 z
   z.output();
   cout<<"总成绩:"<<z.jstotal()<<endl;
   return 0;
}
```

与例 5.1 一样，新建一个 L5.2 项目，该项目有 3 个文件，具体作用和内容如下所示：

```
//student.h: 类定义
#include <string>
using namespace std;
class student
{
public:
    void output();
    void set(const string &p,int i,double x,double y);
    double jstotal();
    student(const string &p="wang",int i=1,double x=0,double y=0);
protected:
    string name;                                          //姓名
    int num ;                                             //学号
    double m_c;                                           //语文成绩
    double m_math;                                        //数学成绩
};

//student.cpp: 成员函数定义
#include "student.h"
#include <iostream>
#include <string>
using namespace std;
void student::output()
{   cout<<"姓名:"<<name<<","<<"学号:"<<num<<","
    <<"语文:"<<m_c<<","<<"数学:"<<m_math <<endl;          //(4)
}
void student::set(const string &p,int i,double x,double y)   //(4)
```

```
{  name=p; num=i; m_c=x; m_math=y;  }
double student::jstotal()                                  //(5)
{  return m_c+m_math;  }
student::student(const string &p,int i,double x,double y) //(7)
{  name=p; num=i; m_c=x; m_math=y;  }

//main.cpp: 类测试
#include <iostream>
#include <string>
#include "student.h"
using namespace std;
int main() {
    //string x("wang");                          //等价于 string x="wang";
    //student s;                                 //(1)定义对象
    //s.set(x,1,85.5);                           //(2)设置学生数据
    //s.output();                                //(3)输出学生数据
    //s.set(x,1,92.1);                           //(4)修改学生成绩数据
    //cout<<"总成绩:"<<s.jstotal()<<endl;         //(6)
    student t;                                   //(8)定义对象 t
    t.output();                                  //(8)输出学生数据
    cout<<"总成绩:"<<t.jstotal()<<endl;           //(8)
    student z("liuxiang",2,100,95);              //定义对象 z
    z.output();
    cout<<"总成绩:"<<z.jstotal()<<endl;
    return 0;
}
```

例5.2 按项目的方式管理多个文件时，出现iostream、string等头文件被重复包含多次，但是没有出现什么重定义错误，这是因为系统这些头文件中的内容包含ifndef或者#pragma once，这两个宏就是为了避免同一个头文件被包含多次时，这样就不会出现重定义的错误。

#ifndef方式示例：

```
#ifndef __AFILE_H__
#define __AFILE_H__
…                                                //一些声明语句
#endif
```

#ifndef的方式依赖于宏名字不能冲突，这不仅可以保证同一个文件不会被包含多次，也能保证内容完全相同的两个文件不会被同时包含。当然，这种方式的缺点就是如果不同头文件的宏名不小心“撞车”，可能就会导致头文件明明存在，编译器却硬说找不到声明的状况。

#pragma once方式示例：

```
#pragma once
…                                                // 一些声明语句
```

＃pragma once 则由编译器保证同一个文件不会被包含多次。注意这里所说的“同一个文件”是指物理上的一个文件，而不是指内容相同的两个文件。它带来的好处是，你不必再费劲想个宏名了，当然也就不会出现宏名冲突引发的奇怪问题。这种方式的缺点就是如果某个头文件有多份副本，就不能保证它们不被重复包含。当然，相比宏名冲突引发的“找不到声明”的问题，重复包含更容易被发现并修正。

可见，对于＃ifndef 方式和＃pragma once 方式都能够支持的编译器，两者并没有太大的区别，但是两者仍然有一些细微的区别。＃ifndef 方式的移植性好，＃pragma once 方式可以避免名字冲突。

5.2　文件与流操作

文件的处理由3个步骤组成：打开文件、读写文件、关闭文件。

C++ 把每一个文件都看成一个有序的字节流，对文件的操作可采用与输入输出流相关的方法，要加对应的文件包含命令：＃include <fstream>。

(1) 打开读文件有两种方法：

① 先建立文件流对象，再调用成员函数 open 将它与某一个文件关联。例如：

```
ifstream infile;                                 //输入文件流对象
infile.open("a.txt");                            //可省略打开模式,默认是读文本文件
infile.open("a.dat",ios::binary);                //打开读二进制文件
```

② 在建立文件流对象的同时通过构造函数打开文件。例如：

```
ifstream infile ("a.txt");                       //打开读文本文件
ifstream outfile("a.dat",ios::binary);           //打开读二进制文件
```

测试文件是否被正确打开的方法如下：

```
if ( ! infile)                //等价于 if(!infile.is_open())或 if(!infile.fail())
{   …                         //处理文件打开失败情况的代码
}
```

(2) 关闭读文件，涉及成员函数 close。例如：

```
infile.close( );
```

(3) 打开写文件有两种方法：

① 先建立文件流对象，再调用成员函数 open 将它与某一个文件关联。格式如下：

```
fstream iofile;                                  //输入输出文件流对象
iofile.open(文件名,文件打开方式);                //不能省略
```

② 在建立文件流对象的同时通过构造函数来打开文件。文件打开方式不能省略。格式如下：

```
fstream iofile(文件名, ios::in);                 //读文本文件
fstream iofile(文件名, ios::out);                //写文本文件
```

```
fstream iofile(文件名, ios::in|ios::binary);   //读二进制文件
fstream iofile(文件名, ios::out|ios::binary);  //写二进制文件
```

测试文件是否被正确打开的方法如下：

```
if ( ! iofile)                  //等价于 if(!iofile.is_open())或 if(!iofile.fail())
{  …                            //处理文件打开失败情况的代码
}
```

(4) 关闭写文件，涉及成员函数 close。格式如下：

```
iofile.close( );
```

(5) 文本文件的读写。

① 使用插入与提取运算符对文本文件进行读写：>>为读文件，<<为写文件。

② 使用类成员函数对文件流进行字符操作。

get 为读，put 为写：一次读写一个字节，函数原型如下：

```
istream& get(char& rch);
ostream& put(char ch);
```

getline：一次读一行，函数原型如下：

```
istream& getline(char * pch, int nCount, char delim ='\n');
```

文件打开方式如表 5.1 所示：

表 5.1　文件打开方式

打开方式	说　明
ios::app	将所有输出写入文件末尾
ios::ate	打开文件以便输出，并移到文件末尾(通常用于添加数据) 数据可以写入文件中的任何地方
ios::in	打开文件以便输入
ios::out	打开文件以便输出
ios::trunc	删除文件现有内容(是 ios::out 的默认操作)
ios::binary	用二进制而不是文本模式打开文件
ios::nocreate	如果文件不存在，则文件打开失败
ios::noreplace	如果文件存在，则文件打开失败

[**例 5.3**]　写文本文件示例。

```
//L5_3.cpp
#include <iostream>
#include <fstream>
using namespace std;
int main()
```

```
{
    ofstream outfile("d:\\grade.txt");
    //写文本文件,等价于 fstream outfile("d:\\grade.txt",ios::out);
    if(!outfile)
    {
        cout <<"文件打开失败!"<<endl;
        return 1;
    }
    outfile <<"程序设计" <<"   " <<95 <<endl;
    outfile <<"大学英语" <<"   " <<90.5 <<endl;
    outfile <<"高等数学" <<"   " <<93 <<endl;
    outfile <<"普通物理" <<"   " <<87.5 <<endl;
    outfile.close();
    return 0;
}
```

输出如图 5.6 所示。

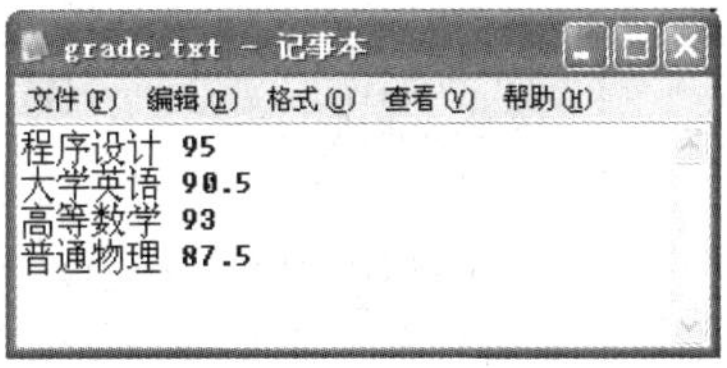

程序设计 95
大学英语 90.5
高等数学 93
普通物理 87.5

图 5.6　grade.txt 文件内容

[例 5.4]　读文本文件示例。

```
//L5_4.cpp
#include <iostream>
#include <fstream>
using namespace std;
int main()
{   ifstream infile("d:\\grade.txt");
    //读文本文件,等价于 fstream infile("d:\\grade.txt",ios::in);
    if(!infile)
    {   cout <<"文件打开失败!"<<endl;
        return 1;
    }
    char course[20];
    float score;
    infile >>course >>score;
    cout <<course <<"   " <<score <<endl;
    infile >>course >>score;
    cout <<course <<"   " <<score <<endl;
    infile >>course >>score;
    cout <<course <<"   " <<score <<endl;
    infile >>course >>score;
    cout <<course <<"   " <<score <<endl;
    infile.close();
    return 0;
}
```

输出

```
程序设计语言    95
```

```
大学英语        90.5
高等数学        93
普通物理        87.5
```

[例 5.5] 使用成员函数 get 完成读文本文件示例。

```
//L5_5.cpp
#include <iostream>
#include <fstream>
using namespace std;
int main()
{   char ch;
    int count=0;                                    // 计数器
    ifstream infile("d:\\grade.txt");
    //读文本文件,等价于 fstream infile("d:\\grade.txt",ios::in);
    if(!infile)
    {
        cout <<"文件打开失败"<<endl;
        return 1;
    }
    while(!infile.eof( ))
    {   infile.get(ch);                             // 从文件流中读入下一个字符
        cout<<ch;                                   // 屏幕输出从文件中读入的字符
        if(ch>='0' && ch<='9') count++;             // 若是数字字符,计数器加 1
    }
    cout<<"文件中共有数字字符:"<<count<<"个。"<<endl;
    infile.close();
    return 0;
}
```

输出

```
程序设计语言          95
大学英语              90.5
高等数学              93
普通物理              87.5
文件中共有数字字符:10 个
```

[例 5.6] 打开一个由若干个整数组成的文本文件 number.txt,找出其中所有的素数并存入另一个文本文件 prime.txt 中。

```
//L5_6.cpp
#include <iostream>
#include <fstream>
using namespace std;
int isprime(int a)                                  // 素数判断函数
{   for(int i=2; i<=a/2; i++)
        if(a%i ==0) return 0;
```

```
    return 1;
}
int main()
{   ifstream infile("number.txt");
    ofstream outfile("prime.txt");
    if(!infile || !outfile)
    {   cout <<"文件打开失败!"<<endl;
        return 1;
    }
    int num;
    while(!infile.eof() )
    {   infile>>num;
        if(isprime(num)) outfile<<num<<"  ";
    }
    infile.close();
    outfile.close();
    return 0;
}
```

文件 number. txt 的内容：23 2 7 4。文件 prime. txt 的内容：23 2 7。

(6) 二进制文件的读写。

二进制文件以位(b)为单位，整个文件是由 0 和 1 组成的无格式的原始数据序列。二进制方式下的输入输出过程中，系统不对数据进行任何转换。文本文件以字节(B)为单位，整个文件实际保存的是一串 ASCII 字符。可用文字处理器进行编辑。在文本方式下的输入输出过程中，系统进行字符转换。

二进制文件的读写比文本文件复杂，不能用插入或提取符。

① put 函数向流写一个字符，其原型是 ofstream &put(char ch)，使用也比较简单，例如 file1. put('c')；就是向流写一个字符'c'。

② get 函数从流读字符或者字符串，比较灵活，有 3 种常用的重载形式。

③ 读写数据块。

要读写二进制数据块，使用成员函数 read 和 write，它们的原型如下：

```
read(unsigned char * buf,int num);          //从文件中读取 num 个字符到 buf 指向的缓存中
write(const unsigned char * buf,int num); //将 buf 指向的缓存中的 num 个字符写到文件中
```

［**例 5.7**］　二进制文件复制示例。

```
//L5_7cpp
#include <iostream>
#include <fstream>
using namespace std;
int main()
{   char s[50], d[50];
    cout<<"请输入准备复制的文件名(含后缀名):";
    cin>>s;
```

```
    cout<<"请输入新生成的文件名(含后缀名):";
    cin>>d;
    ifstream infile(s, ios::binary);
    ofstream outfile(d, ios::binary);
    if(!infile || !outfile)
    {   cout <<"文件打开失败!"<<endl;
        return 1;
    }
    int num;
    while(!infile.eof() )
    {   infile.read ((char * )&num,sizeof(num));
                                           //成员函数 read 用于从输入流中读取一个整数
        outfile.write((char * )&num,sizeof(num));
                                           //成员函数 write 将读入的整数 num 写到输出流中
    }
    infile.close();
    outfile.close();
    return 0;
}
```

5.3 课堂练习

打开一个由若干个整数组成的文本文件 number.txt,找出其中所有的素数并存入另一个二进制文件 prime.dat 中。

(1) 可以在例 5.6 代码基础上完成。注意:与文本文件不同,二进制写文件不需要加额外分隔符。

(2) 用记事本打开 prime.dat 是乱码如图 5.7 所示,为什么?

(3) 按下面方框中的代码段读二进制文件 prime.dat,将其显示在屏幕上,发现多读了最后一个数,如图 5.8 所示。为什么?如何解决?

```
int num;
while(!infile.eof() )
{   infile.read((char * )&num,sizeof(num));
    cout<<num<<endl;
}
```

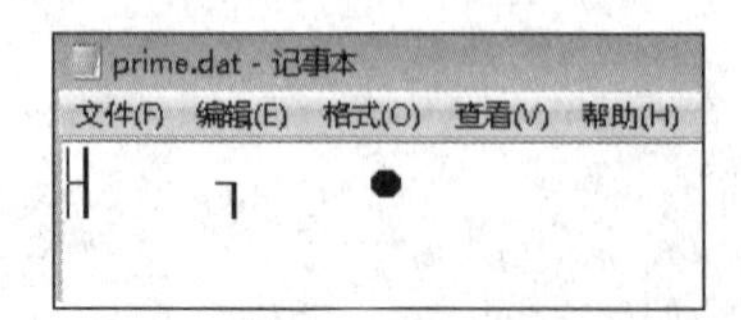

图 5.7 记事本显示的 prime.dat 文件内容

图 5.8 多读一个数的运行结果

5.4 课后习题

本章涉及基于项目的多文件管理以及文件流操作。读程序的能力是非常重要的,因此本章开始增加读程序分析输出结果的练习,期待读者不仅知道输出结果,还能够知道为什么是这个输出结果。

题 5.1 游泳池造价计算。一圆形游泳池如图 5.9 所示,现在需在其周围建一圆形过道,并在其四周围上栅栏。栅栏造价为 35 元/米,过道造价为 20 元/平方米。过道宽度为 3 米,游泳池半径由键盘输入。要求以面向对象思想编程计算并输出过道和栅栏的造价。圆周率取 3.14。

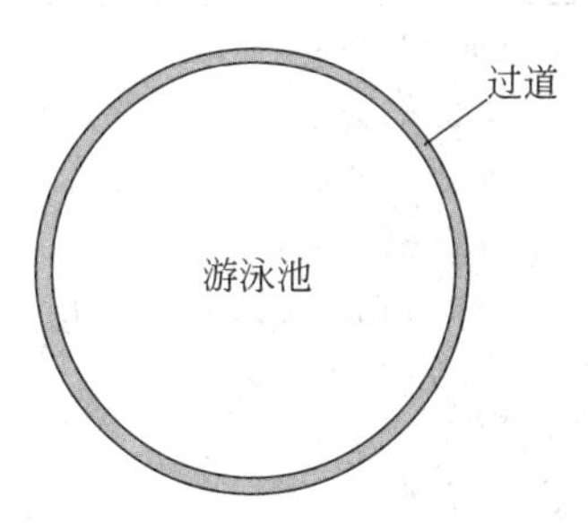

图 5.9 游泳池示意图

输入

```
25.34
```

输出

```
栅栏造价是 6229.13 元
过道造价是 10113.3 元
```

题 5.2 积分返券。某商场年终举行积分返券活动,其规则为:每张会员卡积满 1000 分返礼券 10 元,积满 3000 分返礼券 30 元,积满 5000 分返礼券 100 元,同时消除卡上与礼券对应的积分。例如某用户积分为 4120,则按上述规则分别可以返礼券 30 元和 10 元,合计 40 元。

```
后置代码:
int main()
{   string pid,pname;
    double s;
    cin>>pid>>pname>>s;
    MemberCard m(pid,pname,s);              //定义用户对象,注意需要带参数的构造函数
    m.print();                                         //输出用户信息
    cout <<"返券:" <<m.Reward() <<endl;              //输出返券额
    cout <<"返券后剩余积分:"<<m.Getscore()<<endl; //输出剩余积分
    return 0;
}
```

输入

```
10230001 wangfang 4120
```

输出

```
卡号:10230001
姓名:wangfang
积分:4120
```

返券:40
返券后剩余积分:120

题5.3 比较两个分数的大小。定义分数类Fraction,它具有分子和分母两个数据成员,具有构造函数和读取分子、分母的成员函数。定义一个普通函数compare,其功能是比较两个分数的大小,相等时返回0,第一个分数大于第二个分数时返回1,小于时返回−1。为简化起见,不考虑约分问题。编写main函数测试该类。

```
前置代码:
#include <iostream>
#include <cstdlib>                                      //EXIT_FAILURE 在该文件中被定义
#include <cmath>
using namespace std;
class Fraction
{
public:
    Fraction(int n,int d);
    int getNum() { return numerator; }
    int getDenom() { return denominator; }
protected:
    int numerator;                                       //分子
    int denominator;                                     //分母
};
Fraction::Fraction(int n,int d)
{   numerator =n;
    if(d ==0)
    {   cout<<"分母不能为 0!" <<endl;
        exit(EXIT_FAILURE);
    }
    denominator =d;
}
int compare(Fraction &f1,Fraction &f2)
{   double num1 = (double)f1.getNum() / f1.getDenom();
    double num2 = (double)f2.getNum() / f2.getDenom();
    if(fabs(num1 -num2) <1e-10) return 0;
    else    if(num1 >num2)       return 1;
            else                 return -1;
}
```

输入

7 11 9 17

输出

7/11>9/17

题 5.4　日期类设计与实现。定义一个日期类，要求重载++运算符(包括前置和后置)，其功能是将当前日期改为它的第二天。

```
后置代码:
int main()
{   int a,b,c;
    cin>>a>>b>>c;                        //从键盘输入年月日
    Date x(a,b,c);                       //定义一个日期对象,带参数
    x.ShowMe();                          //输出年月日
    x.NewDay();                          //把当前日期改为第二天
    x.ShowMe();                          //输出第二天的年月日
    return 0;
}
```

输入

```
2016 2 29
```

输出

```
2016-2-29
2016-3-1
```

题 5.5　圆柱类设计与实现。设计一个圆柱类，包括相关数据成员和成员函数，要求输出它们的面积和体积。

```
后置代码:
int main()
{   Column column(12,10);
    cout<<"圆柱的面积:"<<column.getCubarea()<<endl;
    cout<<"圆柱的体积:"<<column.getCubage()<<endl;
    return 0;
}
```

无输入。

输出

```
圆柱的面积:1658.76
圆柱的体积:4523.89
```

题 5.6　正方形类设计与实现。设有 3 个正方形，它们的边长分别为 20.5、13.5、35.9，编程计算这 3 个正方形的周长和面积。

```
后置代码:
int main()
{   Square x1(20.5),x2(13.5),x3(35.9);
```

```
    cout<<"边长是"<<x1.GetSide()<<"的正方形的周长是"<<x1.GetCircumference()
    <<",面积是"<<x1.GetArea()<<endl;
    cout<<"边长是"<<x2.GetSide()<<"的正方形的周长是"<<x2.GetCircumference()
    <<",面积是"<<x2.GetArea()<<endl;
    cout<<"边长是"<<x3.GetSide()<<"的正方形的周长是"<<x3.GetCircumference()
    <<",面积是"<<x3.GetArea()<<endl;
    return 0;
}
```

无输入。

输出

```
边长是 20.5 的正方形的周长是 82,面积是 420.25
边长是 13.5 的正方形的周长是 54,面积是 182.25
边长是 35.9 的正方形的周长是 143.6,面积是 1288.81
```

题 5.7 时钟类设计与实现。定义一个时钟类,有一个成员函数用于设置响铃时间,一个成员函数模拟时钟运行,当运行到响铃时间时提示响铃。

```
后置代码:
int main()
{   int a,b,c;
    cin>>a>>b>>c;                    //从键盘输入当前时分秒
    Clock x(a,b,c);                  //定义一个时钟对象,带参数
    x.ShowMe();                      //输出时分秒
    cin>>a>>b>>c;                    //从键盘输入响铃的时分秒
    x.SetAlarm(a,b,c);               //设置响铃时间
    x.Run();                         //模拟时钟运行,当运行到响铃时提示响铃
    return 0;
}
```

输入

```
14 59 55
15 0 0
```

输出

```
当前时间是 14:59:55
14:59:56
14:59:57
14:59:58
14:59:59
15:0:0
时间到响铃了...
```

题 5.8 读程序写结果。

```
#include <iostream>
using namespace std;
class A
{
    int a,b;
public:
    A();
    A(int i,int j);
    void print();
};
A::A()
{   a=b=0;
    cout<<"调用无参数的构造函数!\n";
}
A::A(int i,int j)
{   a=i;b=j;
    cout<<"调用一般构造函数!\n";
}
void A::print()
{   cout<<"对象 a 的值:"<<a<<",对象 b 的值:"<<b<<endl;   }
int main()
{   A m,n(6,8);
    m.print();
    n.print();
    return 0;
}
```

另外，本章提供 3 个拓展题，强化基于项目的多文件管理方法的掌握。

拓展题 1　将第 4 章的课后习题 4.1、4.4、4.5、4.6 改写为基于项目的多文件管理形式。

拓展题 2　为第 2 章课后习题拓展题 1 增加文件读、写功能，即将随机产生的 n 组计算题存入文本文件，再运行则可以从文件中直接读入 n 组计算题。

拓展题 3　将第 2 章课后习题拓展题 2 改为从文件中读取多个操作数和运算符，采用动态单链表，要求链表创建、清空、计算等操作用函数实现。

第6章 静态与友元

6.1 封装性

所谓封装性是指对象的状态信息隐藏在对象内部，不允许外部程序直接访问对象内部信息，而是通过该类所提供的方法来实现对内部信息的操作与访问。

在封装的前提下，类外如何访问被封装的成员(private 和 protected 成员)? 常规的方法是通过"对象.公有成员函数"的形式。

［**例 6.1**］ 使用普通函数计算圆环面积。

```
//L6_1.cpp
#include <iostream>
using namespace std;
class Circle
{
public:
    Circle(double a)                          //带默认参数值的构造函数
    {   r=a;   }
    double Area()
    {   return 3.14 * r * r;   }
private:
    double r;
};
double AreaRing(Circle &c1,Circle &c2)        //普通函数
{   return c1.Area()-c2.Area();               //通过"对象.公有成员函数"的形式
}
int main()
{   Circle c1(10),c2(5);                      //定义圆类对象
    cout<<AreaRing(c1,c2)<<endl;              //调用普通函数
    return 0;
}
```

输出

```
235.5
```

例 6.1 中，由于类的封装性，普通函数 AreaRing 中获取 Circle 类对象的面积只能通过其公有的成员函数 Area，以"对象.公有成员函数"的形式(c1.Area()－c2.Area())实现。

本章课后习题 6.1 和题 6.2 也是通过"对象.公有成员函数"的形式间接获取被封装的点坐标来计算距离。

要实现良好的封装性，应做到以下两点：

(1) 将对象的成员变量与实现细节隐藏起来，不允许外部访问。

(2) 把方法暴露出来，让方法来控制对这些成员变量进行安全的访问与操作。

也就是说封装把该隐藏的隐藏起来，把该暴露的暴露出来。

[**例 6.2**] 全局变量使用。

统计 Circle 类创建对象的次数。

```
//L6_2.cpp
#include <iostream>
using namespace std;
int total=0;
class Circle
{
public:
    Circle(double a=0)                          //带默认参数值的构造函数
    {  r=a;total++;  }
    Circle(Circle &x)                           //复制构造函数
    {   r=x.r;
        total++;
    }
    double Area()
    {  return 3.14 * r * r;  }
private:
    double r;
};
int main()
{   Circle c1(10),c2(5),c3,c4(c1);              //定义对象
    cout<<"定义对象的个数="<<total<<endl; //通过全局变量输出定义对象的个数
    return 0;
}
```

输出

```
定义对象的个数=4
```

定义在函数外部的变量叫作全局变量。全局变量可以为本文件中所有函数共用，它的有效范围为从定义变量的位置开始到本源文件结束。

从例 6.2 来看，全局变量 total 不仅可以被类的成员函数使用，也可以被类外的 main 函数使用，这给面向对象程序设计带来了问题，即违背了数据封装的原则。

本章介绍一种用 static 来修饰(类似于全局变量)的成员，使用静态成员比使用全局变量更优越。

6.2 静态成员

类中有一种特殊的成员，它不属于某个对象，不能通过某个对象来引用，在声明时前面要加上 static 关键字，称为静态成员。

静态成员由同类的所有对象共享。也就是说不管定义了多少个对象，其静态成员只有一个。并且静态成员的生命周期从创建开始到程序运行结束，编译器只对它进行一次初始化，将始终保持其值，直到下次改变为止。静态成员不受对象是否创建的影响。

C++ 中一个类有 4 种成员：静态数据成员和非静态数据成员、静态成员函数和非静态成员函数。

(1) 非静态数据成员被放在每一个对象体内作为对象专有的数据成员。

(2) 静态数据成员被提取出来放在程序的静态数据区内，为该类所有对象共享，因此只存在一份。

(3) 静态和非静态成员函数最终都被提取出来放在程序的代码段中并为该类所有对象共享，因此每一个成员函数也只能存在一份代码实体。在 C++ 中类的成员函数都是保存在静态存储区中的，因此静态函数也是保存在静态存储区中的，它们都是在类中保存同一个备份。

因此，构成对象本身的只有数据，任何成员函数都不隶属于任何一个对象，非静态成员函数与对象的关系就是绑定，绑定的中介就是 this 指针。成员函数为该类所有对象共享，不仅是出于简化语言实现、节省存储空间的目的，而且是为了使同类对象有一致的行为。同类对象的行为虽然一致，但是操作的数据成员不同。

图 6.1 阐述了这种静态机制上的对象与类数据成员存储示意图。

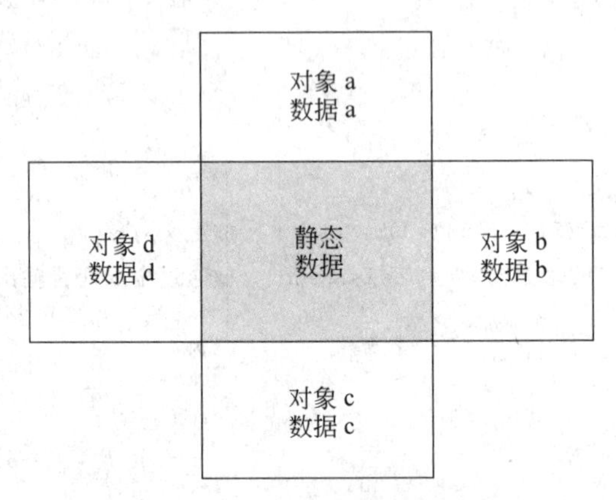

图 6.1 静态数据成员与对存储示意

图 6.1 中定义了同类的 4 个对象 a、b、c、d，这 4 个对象各自有自己的数据存储空间。静态数据由这 4 个对象共享，不论定义多少个对象，在内存中，静态数据只有 1 份。

static 所修饰的数据成员为静态数据成员(即类数据成员)，所修饰的成员函数为静态成员函数(即类成员函数)。

6.2.1 静态数据成员

静态数据成员是同类的所有对象共享的成员，而不是某一对象独有的成员，它的值对每个对象都是一样的。对静态数据成员的值的更新，即是对所有对象的该静态数据成员值的更新。

要使用静态数据成员，必须在 main 程序运行之前分配空间和初始化。静态成员不与类的任何特定对象相关联。静态数据成员初始化必须在类的外部进行，与一般数据成员初始化不同，格式如下：

```
<数据类型><类名>::<静态数据成员名>=<值>
```

静态数据成员可被该类的静态成员函数使用，也可被该类的普通成员函数使用。

[**例 6.3**]　静态数据成员使用示例 1。

统计 Circle 类被创建对象的次数。

```
//L6_3.cpp
#include <iostream>
using namespace std;
class Circle
{
public:
    Circle(double a=0)                          //带默认参数值的构造函数
    {  r=a;total++;  }
    Circle(Circle &x)                           //复制构造函数
    {   r=x.r;
        total++;
    }
    double Area()
    {return 3.14*r*r;}
    static int total;                           //定义静态数据成员
private:
    double r;
};
int Circle::total=0;
int main()
{   Circle c1(10),c2(5),c3,c4(c1);              //定义圆类对象
    cout<<"定义对象的个数="<<Circle::total<<endl;//通过静态成员输出定义对象个数
    return 0;
}
```

输出

```
定义对象的个数=4
```

从例 6.3 来看，静态数据成员 total 不仅可以被类的成员函数使用，也可以被类外的 main 函数使用，如果将 total 的访问权改为私有，则需要通过公有的普通成员函数访问

total。图6.2是辅助理解例6.3代码的类图,该图中静态成员用下画线标示。

[例6.4] 静态数据成员使用示例2,即例6.3的修改。

统计Circle类被创建对象的次数。

Circle
-r:double -total:int
+Circle(double) +Circle(Circle &) +Area():double +GetTotal():double

图6.2 Circle类图

```
//L6_4.cpp
#include <iostream>
using namespace std;
class Circle
{
public:
    Circle(double a=0)                          //带默认参数值的构造函数
    {  r=a;total++;  }
    Circle(Circle &x)                           //复制构造函数
    {   r=x.r;
        total++;
    }
    double Area()
    {return 3.14 * r * r;}
    int GetTotal()
    {  return total;  }
private:
    double r;
    static int total;                           //定义静态数据成员
};
int Circle::total=0;
int main()
{   Circle c1(10),c2(5),c3,c4(c1);              //定义圆类对象
    cout<<"定义对象的个数="<<c1.GetTotal()<<endl;
    return 0;
}
```

输出

```
定义对象的个数=4
```

从例6.4来看,静态数据成员total被封装之后,就不能被类外的main函数使用了,只能通过公有的普通成员函数调用c1.GetTotal()获取个数。这种方法有点瑕疵,如果没有定义任何对象,就无法访问类数据了。

6.2.2 静态成员函数

静态成员函数和静态数据成员一样,都属于类的静态成员,都不是某一对象的成员。类外代码可以使用类名和作用域操作符来调用静态成员函数。

[例6.5] 静态成员函数使用示例,即例6.3的修改。

统计Circle类被创建对象的次数。

```
//L6_5.cpp
#include <iostream>
using namespace std;
class Circle
{
public:
    Circle(double a=0)                                  //带默认参数值的构造函数
    {  r=a;total++;  }
    Circle(Circle &x)                                   //复制构造函数定义
    {   r=x.r;
        total++;
    }
    double Area()
    {return 3.14 * r * r;}
    static int GetTotal()
    {  return total;  }
private:
    double r;
    static int total;                                   //定义静态数据成员
};
int Circle::total=0;
int main()
{   Circle c1(10),c2(5),c3,c4(c1);                      //定义圆类对象
    cout<<"定义对象的个数="<<Circle::GetTotal()<<endl;
    return 0;
}
```

输出

```
定义对象的个数=4
```

从例 6.5 来看,静态数据成员 total 被封装之后,就不能被类外的 main 函数使用了,可以通过公有的静态成员函数调用 c1.GetTotal()获取个数。即使没有定义任何对象,也可以通过 Circle::GetTotal()访问类数据。

静态成员函数只能引用属于该类的静态数据成员或静态成员函数。例如,在例 6.5 的静态函数中如果出现如下的代码将发生错误:

```
static int GetTotal()
{   cout<<Area()<<endl;                                 //错误
    cout<<r<<endl;                                      //错误
    return total;
}
```

错误的原因是静态成员函数只能引用属于该类的静态数据成员或静态成员函数。

6.3 友元

所谓共享就是打破封装机制,实现类外对私有或保护的成员的访问。这种共享方法是本节要介绍的友元机制。共享与封装相对立,即通过友元机制打破封装机制,实现对私有或

保护成员进行访问。

友元是C++提供的一种打破数据封装和数据隐藏的机制。友元机制可以适用于不同类对象的共享。友元的作用主要是为了提高程序的运行效率和方便编程，毕竟直接取值比函数调用更高效。但随着硬件性能的提高，友元的作用渐渐变得不明显了，相反，由于友元破坏了类的封装性，所以在使用友元时应该权衡利弊，为了确保数据的完整性以及数据封装与隐藏的原则，建议尽量不使用或少使用友元。

友元采用friend关键字修饰，通过将一个模块声明为另一个模块的友元，一个模块能够引用另一个模块中本是被隐藏的信息。

C++提供了3种友元关系的实现：友元函数、友元成员函数和友元类。

6.3.1 友元函数

友元函数是在类声明中由关键字friend修饰说明的非成员函数，在它的函数体中能够通过对象名访问private和protected成员。

友元函数的作用是增加灵活性，使程序员可以在封装和快速性方面做合理选择。

在友元函数中必须通过对象名访问对象中的成员。

注意：一个函数可以是多个类的友元函数，需要在各个类中分别声明，并且友元关系不具有传递性。

[**例6.6**] 使用友元函数计算圆环面积。

```
//L6_6.cpp
#include <iostream>
using namespace std;
class Circle
{
public:
    Circle(double a)                                    //带默认参数值的构造函数
    {  r=a;  }
    double Area()
    {return 3.14*r*r;}
    friend double AreaRing(Circle &c1,Circle &c2); //友元函数声明
private:
    double r;
};
double AreaRing(Circle &c1,Circle &c2)                //普通友元函数
{   return 3.14*c1.r*c1.r-3.14*c2.r*c2.r;          //通过友元函数访问私有数据成员
}
int main()
{   Circle c1(10),c2(5);                               //定义圆类对象
    cout<<AreaRing(c1,c2)<<endl;                       //调用友元函数
    return 0;
}
```

输出

```
235.5
```

例 6.6 中，由于定义了友元函数 AreaRing，获取 Circle 类对象的面积除了可以通过其公有的成员函数 Area，以“对象.公有成员函数”的形式（c1.Area()－c2.Area()）实现之外，还可以通过“对象.成员”的方式访问被封装的半径成员（3.14 * c1.r * c1.r－3.14 * c2.r * c2.r）实现，这是由于友元打破了封装，因此类外可以访问私有数据成员 r。本章课后习题 6.7 也是通过“对象.成员”形式获取被封装的点坐标来计算距离。

6.3.2 友元成员函数

若一个类的成员函数是另一个类的友元，则称该成员函数为另一个类的友元成员函数。

友元成员函数声明语法：将某个类的成员函数在另一个类中使用 friend 修饰说明，并且加上成员函数所在的类名。

［**例 6.7**］ 使用友元成员函数输出圆的圆心和半径。

```
//L6_7.cpp
#include <iostream>
using namespace std;
class Point;                          //前向引用声明
class Circle
{
public:
    Circle(double a)                  //带默认参数值的构造函数
    {  r=a;  }
    double Area()
    {  return 3.14*r*r;  }
    void Show(Point &p);              //该函数是 Circle 的成员函数，是 Point 类的友元函数
private:
    double r;
};
class Point
{
private:
    double x,y;
public:
    Point(double a=0.0,double b=0.0)
    {  x=a;y=b;  }
    void Show()
    {  cout<<x<<","<<y<<endl;  }
    double GetX()
    {  return x;  }
    double GetY()
    {  return y;  }
    friend void Circle::Show(Point &p);//友元函数声明
};
```

```
void Circle::Show(Point &p)
{   cout<<"半径="<<r<<endl<<"圆心=";
    cout<<p.x<<","<<p.y<<endl;      //等价于 p.Show();
}
int main()
{   Circle c(10);                   //定义圆类对象
    Point p(100,100);               //定义点类对象
    c.Show(p);                      //调用友元成员函数
    return 0;
}
```

输出

```
半径=10
圆心=100,100
```

例6.7中,Circle类的成员函数Show(Point &p)同时是Point类的友元函数,获取Point类对象的点坐标可以通过"对象.成员"的方式访问被封装的点坐标成员p.x和p.y实现,这是由于友元打破了封装,因此类外可以访问私有数据成员x和y。

★**注意**:友元关系是单向的。因此对于例6.7中的两个类,一定要弄清楚哪个类是哪个类的友元函数。

例6.7中class Point;是前向引用声明语句。因为类应该先声明后使用,如果需要在某个类的声明之前引用该类,则应进行前向引用声明。前向引用声明只为程序引入一个标识符,但具体声明在其他地方。

6.3.3 友元类

友元类是指若一个类为另一个类的友元,则前一个类的所有成员都能访问后一个类的私有或保护成员,从这个角度来看,友元类的所有成员函数都是另一个类的友元成员函数。

友元类的声明语法:将友元类名在另一个类中使用friend修饰说明。

[**例6.8**] 使用友元类输出圆的半径和圆心。

```
//L6_8.cpp
#include <iostream>
using namespace std;
class Point;                        //前向引用声明
class Circle
{
public:
    Circle(double a)                //带默认参数值的构造函数
    {  r=a;  }
    double Area()
    {  return 3.14*r*r;  }
    void Show(Point &p);            //该函数是Circle的成员函数,Point类的友元函数
private:
```

```
    double r;
};
class Point
{
private:
    double x,y;
public:
    Point(double a=0.0,double b=0.0)
    {  x=a;y=b;  }
    void Show()
    {  cout<<x<<","<<y<<endl;  }
    double GetX()
    {return x;}
    double GetY()
    {  return y;  }
    friend class Circle;               //友元类声明,意味着 Circle 类的所有成员函数都是
                                       //Point 类的友元成员函数
    };
void Circle::Show(Point &p)
{   cout<<"半径="<<r<<endl<<"圆心=";
    cout<<p.x<<","<<p.y<<endl;         //等价于 p.Show();
}
int main()
{   Circle c(10);                      //定义圆类对象
    Point p(100,100);                  //定义点类对象
    c.Show(p);                         //调用友元类的成员函数
    return 0;
}
```

输出

```
半径=10
圆心=100,100
```

例 6.8 中,Circle 类是 Point 类的友元类,这意味着 Circle 类的所有成员函数都是 Point 类的友元成员函数,获取 Point 类对象的点坐标可以通过"对象. 成员"的方式访问被封装的点坐标成员 p. x 和 p. y,这是由于友元打破了封装,因此类外可以访问私有数据成员 x 和 y。

★**注意**:友元关系是单向的。因此对于例 6.8 中的两个类,一定要弄清楚哪个类是哪个类的友元类。

6.4　共享成员的保护

所谓共享成员的保护是指不能修改共享成员,这通常用 const 关键字进行修饰。本节主要介绍常引用、常对象和用 const 修饰的常成员,至于常指针(指向常量的指针)和常数组(指数组元素不能被更新)本节不作介绍。

(1) 常引用：被引用的对象不能被更新。语法格式为

```
const 类型说明符 &引用名
```

(2) 常对象：必须进行初始化，不能被更新。语法格式为

```
类名 const 对象名
```

(3) 常成员：用 const 修饰的类成员。

① 常成员函数：用 const 关键字说明的成员函数。

常成员函数不更新对象的数据成员。常成员函数说明格式为

```
类型说明符 函数名(参数表)const;
```

这里，const 是函数类型的一个组成部分，因此在实现部分也要带 const 关键字。

★**注意**：const 关键字可以用于参与对重载函数的区分。

② 常数据成员：用 const 说明的数据成员。普通成员函数可以调用常数据成员。

[**例 6.9**] 常引用作形参。

```
//L6_9.cpp
#include <iostream>
using namespace std;
void display(const double& r);
int main()
{   double d(9.5);
    display(d);
    return 0;
}
void display(const double& r)
//常引用作形参，在函数中不能更新 r 所引用的变量
{  cout<<r<<endl;  }
```

输出

```
9.5
```

在例 6.9 中，常引用 r 作形参，在 display 函数中不能更新 r 所引用的变量。

★**注意**：常对象引用的用法与常对象一样，只能调用常成员函数。

[**例 6.10**] 常对象和常成员函数举例。

```
//L6_10.cpp
#include <iostream>
using namespace std;
class A
{
public:
    A(int i,int j) {  x=i; y=j;  }
    void print( );
    void print( ) const;
```

```
private:
    int x,y;
};
void A::print ( )
{  cout<<"普通成员函数:"<<x<<","<<y<<endl;  }
void A::print ( ) const
{  cout<<"常成员函数:"<<x<<","<<y<<endl;  }
int main()
{   A const a(3,4);                    //a 是常对象,不能被更新
    a.print();
    return 0;
}
```

输出

```
常成员函数:3,4
```

例 6.10 中虽然定义了两个 print 成员函数,但是通过常对象只能调用它的常成员函数,因此常对象 a 调用常成员函数 print。从例 6.10 代码也可以看出,const 关键字可以用于参与对重载函数的区分。凡希望保证数据成员不被改变的对象,都应声明为常对象。

[**例 6.11**]　常数据成员举例。

```
//L6_11.cpp
#include <iostream>
using namespace std;
class A
{
public:
    A(int i,int j);
    void print( );
private:
    const int a;                       //常数据成员 a
    int b;                             //普通数据成员 b
};
A::A(int i,int j):a(i)                 //构造函数,通过初始化列表给对象的常数据成员赋初值
{  b=j;  }
void A::print()
{  cout<<a<<","<<b<<endl;  }
int main( )
{   //建立对象 a1 和 a2,并以 100 和 0 作初值
    A a1(100,10),a2(0,2);
    a1.print();
    a2.print();
    return 0;
}
```

输出

```
100,10
0,2
```

例 6.11 中定义了一个常数据成员 a 和一个普通数据成员 b,注意 a、b 这两个数据成员初始化的区别。常数据成员 a 只能通过初始化列表赋初值。普通数据成员 b 除了通过初始化列表赋值以外,也可以在函数体内赋值。从例 6.11 代码可以看出,普通成员函数 print 可以调用常数据成员 a。

6.5 课堂练习

练习 1 个人账户类设计与应用。

设个人账户类有 4 个数据成员：账号、用户名、余额以及利率(初值为 0.03),要求从键盘输入账号、用户名、所存钱数(对应余额),然后输出用户的余额和利率。为了验证该类,需要相应的成员函数对这些数据成员进行操作。

代码如下：

```
#include <iostream>
#include <string>
using namespace std;
class Account
{
private:
    string accountNumber;                    //账号
    string owner;                            //用户名
    double amount;                           //余额
    double interestRate;                     //利率
public:
    Account(const string &accountNum,const string &own,double newAmount,double
        interestRa=0.03)                     //构造函数
    {
        accountNumber=accountNum;            //string 对象的赋值,注意此处=是运算符重载
        owner=own;                           //string 对象的赋值,注意此处=是运算符重载
        amount=newAmount;
        interestRate=interestRa;
    }
    void Show()
    {   cout<<"账号:"<<accountNumber<<endl;
        cout<<"用户名:"<<owner<<endl;
        cout<<"余额:"<<amount<<endl;
    }
    double GetRate()                         //获取利率
    {  return interestRate;  }
};
int main()
```

```
{   Account a("123456","Liming",123.56); //定义对象 a,利率默认是 0.03
    a.Show();
    cout<<"利率:"<<a.GetRate()<<endl;   //输出利率
    return 0;
}
```

(1) 运行结果是多少？

(2) 由于每个用户对象的利率是一样的,假设银行有成千上万的用户对象,相同的利率要占用很大的存储空间。在不改变运行结果的情况下,如何做才能节约利率的存储空间？

练习 2　输出圆的半径和圆心。

代码如下：

```
#include <iostream>
using namespace std;
class Point;                           //前向引用声明
class Circle
{
public:
    Circle(double a)                   //带默认参数值的构造函数
    {   r=a;   }
    double Area()
    {   return 3.14*r*r;   }
    void Show(Point &p);               //该函数是 Circle 的成员函数,是 Point 类的友元函数
private:
    double r;
};
class Point
{
private:
    double x,y;
public:
    Point(double a=0.0,double b=0.0)
    {   x=a;y=b;   }
    void Show()
    {   cout<<x<<","<<y<<endl;   }
    double GetX()
    {   return x;   }
    double GetY()
    {   return y;   }
};
void Circle::Show(Point &p)
{   cout<<"半径="<<r<<endl<<"圆心=";
    p.Show();                          //调用点类成员函数
}
int main()
```

```
{   Circle c(10);                       //定义圆类对象
    Point p(100,100);                   //定义点类对象
    c.Show(p);
    return 0;
}
```

(1) 运行结果是多少?

(2) 如果 Circle 类的 Show 函数改为友元成员函数,并且 Circle 类的 Show 函数要对共享数据提供保护(即不允许修改共享的点类对象坐标)。在不改变运行结果并且 main 函数不作任何变化的前提下,应如何做?

6.6 课后习题

本章侧重训练静态成员和友元的用法。

题 6.1 学生类设计与应用(静态)。定义一个学生类,使用静态成员完成若干学生的平均年龄计算。

```
后置代码:
int main()
{   Student stu1("John",10), stu2("Peter",5),stu3("Liming",9);
    stu1.Show();
    stu2.Show();
    stu3.Show();
    cout <<"平均年龄:"<<Student::Totalage/Student::GetNum() <<endl;
                                                          //输出平均年龄
}
```

无输入。

输出

```
姓名:John,年龄:10
姓名:Peter,年龄:5
姓名:Liming,年龄:9
平均年龄:8
```

题 6.2 计算房贷(静态)。已知银行住房贷款有两种还款方式:等额本息法和等额本金法。其中等额本金法的特点是:每月的还款额不同,它是将贷款本金按还款的总月数均分(等额本金),再加上上期剩余本金的月利息,形成一个月还款额,所以等额本金法第一个月的还款额最多,尔后逐月减少,越还越少,所支出的总利息比等额本息法少。从键盘输入贷款总额和还款月数,要求年利率采用静态数据(初值为 0.06),输出每月还款信息。

月利率与年利率换算公式为:月利率=年利率/12。

```
后置代码:
int main()
{   double s;int c;
```

```
    cin>>s>>c;                                        //输入贷款总额和还款月数
    Calc ca(s,c);
    ca.print();
    return 0;
}
```

输入

2000 4

输出

第 1 个月还款额为 510,其中本金为 500,月利息为 10,剩余本金为 1500
第 2 个月还款额为 507.5,其中本金为 500,月利息为 7.5,剩余本金为 1000
第 3 个月还款额为 505,其中本金为 500,月利息为 5,剩余本金为 500
第 4 个月还款额为 502.5,其中本金为 500,月利息为 2.5,剩余本金为 0

题 6.3　王婆卖瓜(静态)。王婆每卖一个瓜要记录该瓜重量,还要记录所卖出的瓜的总重量和所卖出瓜的总个数,同时允许退瓜。要求采用面向对象的方法进行程序设计。

设西瓜类有 4 个数据成员:编号、重量、总重量(静态数据成员)以及总个数(静态数据成员)。西瓜类的成员函数有 4 个:1 个构造函数,表示卖瓜;3 个析构函数,分别表示退瓜、显示卖出个数和总重量。从键盘输入卖出几个瓜、每个瓜的编号和重量以及要退第几个瓜。注意测试用例的输入输出。

```
后置代码:
int main()
{   int t,i,n,w,k;
    Watermelon *p[10];      //定义对象指针数组,假设不超过 10 个,当然可以定义得大一点
    cin>>t;                              //输入卖瓜的个数
    for(i=0;i<t;i++)                     //卖瓜过程
    {   cin>>n>>w;                       //输入卖出瓜的编号和重量
        p[i]=new Watermelon(n,w);        //动态申请内存
    }
    cout<<"卖出瓜总个数="<<p[0]->GetTotal_number()<<endl;
    cout<<"卖出瓜总重量="<<p[0]->GetTotal_weight()<<endl;
    cin>>k;                              //输入要退第几个瓜
    delete p[k-1];                       //退第 k 个瓜,注意下标从 0 开始
    cout<<"卖出瓜总个数="<<p[0]->GetTotal_number()<<endl;
    cout<<"卖出瓜总重量="<<p[0]->GetTotal_weight()<<endl;
    for(i=0;i<t;i++)                     //动态释放
    {
        if(i!=k-1)                       //注意 k-1 的下标,退瓜时已经被释放
            delete p[i];
    }
    return 0;
}
```

输入

```
3
1 5
3 6
4 4
2
```

输出

```
卖出瓜总个数=3
卖出瓜总重量=15
卖出瓜总个数=2
卖出瓜总重量=9
```

Point
−x:double −y:double
+Point(double,double) +GetX():double +GetY():double

图 6.3 Point 类的类图

题 6.4 点类设计与应用(封装)。定义一个点类,具有点的坐标以及有关成员函数,如图 6.3 所示。

要求计算两点之间的距离。设平面中两点分别为 p1(x1,y1)和 p2(x2,y2),这两点距离为 $\sqrt{(x1-x2)^2+(y1-y2)^2}$。

注意本题与题 6.5、题 6.6、题 6.7 用法上的区别。

```
后置代码:
int main()
{   Point p1(100,100),p2(200,300);
    double a,b;
    a=p1.GetX()-p2.GetX();
    b=p1.GetY()-p2.GetY();
    cout<<"两点间距离为:"<<sqrt(a * a+b * b)<<endl;
    return 0;
}
```

无输入。

输出

```
两点间距离为:223.607
```

题 6.5 点类设计与应用(普通函数)。设计一个点类,如图 6.3 所示。定义一个普通函数 double Distance(Point& a, Point& b)用于计算两点间的距离。根据两点 p1 和 p2 的坐标值求两点之间的距离。

注意本题与题 6.4、题 6.6、题 6.7 用法上的区别。

```
后置代码:
int main()
{   Point p1(100,100),p2(200,300);
    cout<<"两点间距离为:"<<Distance(p1, p2)<<endl;     //普通函数被调用
    return 0;
}
```

无输入。

输出

```
两点间距离为:223.607
```

题 6.6 点类设计与应用(友元函数)。设计一个点类,如图 6.3 所示。定义一个友元函数 friend double Distance(Point& a, Point& b)用于计算两点间的距离。根据两点 p1 和 p2 的坐标值求两点之间的距离。

注意本题与题 6.4、题 6.5、题 6.7 用法上的区别。

```
后置代码:
int main( )
{   Point p1(100,100),p2(200,300);
    cout<<"两点间距离为:"<<Distance(p1, p2)<<endl;     //友元函数被调用;
    return 0;
}
```

无输入。

输出

```
两点间距离为:223.607
```

题 6.7 点类设计与应用(成员函数)。设计一个点类,如图 6.4 所示。

定义一个成员函数 double Distance(Point& b)用于计算两点间的距离。根据两点 p1 和 p2 的坐标值求两点之间的距离。

注意本题与题 6.4、题 6.5、题 6.6 用法上的区别。

Point
-x:double -y:double
+Point(double,double) +GetX():double +GetY():double +Distance(Point& b):double

图 6.4 Point 类的类图

```
后置代码:
int main( )
{   Point p1(100,100),p2(200,300);
    cout<<"两点间距离为:"<<p1.Distance(p2)<<endl;     //成员函数被调用;
    return 0;
}
```

无输入。

输出

```
两点间距离为:223.607
```

题 6.8 复数类对象的加法运算(友元函数)。要求定义友元函数实现两个复数对象的加法运算。

提示:设 z1=a+bi,z2=c+di 是任意两个复数,则它们的和 z3=(a+bi)+(c+di)=(a+c)+(b+d)i。

注意本题与题 6.9 用法上的区别。

```
后置代码:
int main()                                          //主函数
{   complex z1(1.5,2.8),z2(-2.3,3.4),z3;            //声明复数类的对象
    z3=add(z1,z2);                                  //友元函数调用
    cout<<"z3=";
    z3.Show();
    return 0;
}
```

无输入。

输出

```
z3=(-0.8,6.2)
```

题 6.9 复数类对象的加法运算(成员函数)。要求定义成员函数实现两个复数对象的加法运算。

注意本题与题 6.8 用法上的区别。

```
后置代码:
int main()                                          //主函数
{   complex z1(1.5,2.8),z2(-2.3,3.4),z3;            //声明复数类的对象
    z3=z1.add(z2);                                  //成员函数调用
    cout<<"z3=";
    z3.Show();
    return 0;
}
```

无输入。

输出

```
z3=(-0.8,6.2)
```

题 6.10 日期类和时间类(友元成员函数)。时间类的成员函数 Display 需要用到日期类的私有数据成员输出日期,本题的方法是将时间类的成员函数 Display 声明为日期类的友元函数。

注意本题与题 6.11 友元类的区别。

```
后置代码:
int main()
{   Time t1(10,13,56);                              //定义时间类对象
    Date d1(12,25,2012);                            //定义日期类对象
    t1.Display(d1);                                 //调用友元成员函数
    return 0;
}
```

无输入。

输出

```
2012/12/25
10:13:56
```

题 6.11 日期类和时间类(友元类用法)。时间类的成员函数 Display 需要用到日期类的私有数据成员输出日期,本题的方法是在日期类中将时间类声明为友元类,这样时间类的所有成员函数都是日期类的友元函数,当然时间类的 Display 函数也是日期类的友元函数。

注意本题与题 6.10 友元成员函数的区别。

```
后置代码:
int main()
{   Time t1(10,13,56);                              //定义时间类对象
    Date d1(12,25,2012);                            //定义日期类对象
    t1.Display(d1);                                 //调用友元类的成员函数
    return 0;
}
```

无输入。

输出

```
2012/12/25
10:13:56
```

题 6.12 计算不同对象的重量。设 boat 类和 car 类都有数据成员 weight,要求定义一个函数 totalWeight 来计算二者的重量和。要求用两种方法来实现。

```
后置代码:
int main()
{   boat b(4);
    car c(5);
    b.show();
    c.show();
    cout<<"总重"<<totalWeight(b,c)<<endl;
    return 0;
}
```

无输入。

输出

```
boat 重 4
car 重 5
总重 9
```

题 6.13 员工的真实年龄。以面向对象的概念建立如下的系统,每一名员工都有一个

private 权限的年龄，能通过 GetAge 询问其年龄，GetAge 的回答加密规则为 age+5，但管理员 Admin 能够获知每个员工的真实年龄。主函数和 Employee 类的设计如下，请写出管理员 Admin 类获知员工的真实年龄的思路，并给出相应的代码。要求用两种方法来实现。

```
后置代码：
int main()
{   Employee a(65), b(19), c(43), d(80);
    cout<<a.GetAge()<<","<<b.GetAge()<<","<<c.GetAge()<<","<<d.GetAge()
        <<endl;                                         //输出加密后的年龄
    Admin m;
    cout<<m.GetAge(a)<<","<<m.GetAge(b)<<","<<m.GetAge(c)<<","<<m.GetAge(d)
        <<endl;                                         //输出真实年龄
    return 0;
}
```

无输入。

输出

```
70,24,48,85
65,19,43,80
```

题 6.14 读程序写结果(静态)。

```
#include <iostream>
using namespace std;
class computer
{
private:
    double price;
    static double total_price;
    static int total_num;
public:
    computer(double p)
    {   price=p;
        total_price+=p;
        total_num++;
    }
    void display()
    {  cout<<"The computer cost:"<<price<<endl;  }
    static void t_display()
    {   cout<<"Total number is:"<<total_num<<endl;
        cout<<"Total price is:"<<total_price<<endl;
    }
};
double computer::total_price=0;
```

```
int computer::total_num=0;
int main()
{   computer::t_display();
    computer c1(3999.0);
    c1.display();
    computer c2(4999.0);
    c2.display();
    computer c3(5999.0);
    c3.display();
    computer::t_display();
    return 0;
}
```

题 6.15　读程序写结果(静态)。

```
#include <iostream>
using namespace std;
class base
{
public:
    static int color[3];
    void setcolor(int c[3])
    {   for(int i=0;i<3;i++)
            color[i]=c[i];
    }
    void getcolor()
    {   for(int i=0;i<3;i++)
            cout<<color[i];
        cout<<endl;
    }
};
int base::color[3]={192,192,192};
void print()
{   for(int i=0;i<3;i++)
        cout<<" * "<<base::color[i];
    cout<<endl;
}
int main()
{   int b[3]={255,255,255};
    print();
    base::color[0]=255;
    base::color[1]=0;
    base::color[2]=255;
    print();
```

```
    base b1;
    b1.setcolor(b);
    print();
    return 0;
}
```

题 6.16 读程序写结果(友元函数)。

```
#include <iostream>
using namespace std;
class A
{
    double total,rate;
public:
    A(double t,double r)
    {  total=t; rate=r;  }
    friend double Count(A &a)
    {  a.total+=a.rate*a.total; return a.total;  }
};
int main()
{   A a1(160.6,0.64), a2(76.8,0.6);
    cout<<Count(a1)<<endl;
    cout<<Count(a2)<<endl;
    return 0;
}
```

第7章 多态性与重载

多态性是面向对象程序设计的重要特征之一。多态是指一个名字有多种语义,或一个相同界面有多种实现;或是指发出同样的消息被不同类型的对象接受而导致完全不同的行为,即对象根据所接收到的消息做出相应的操作。

多态的实现有3种:

- 函数重载。
- 运算符重载。
- 虚函数(在第11章介绍)。

函数重载和运算符重载表现了最简单的多态性。

7.1 函数重载

函数重载是多态性的一种形式,它是指允许在相同的作用域内,相同的函数名对应着不同的实现。重载函数是在编译时区分的,函数重载的条件是要求函数参数的类型或个数有所不同。通过重载可以把功能相似的几个函数合为一个,使得程序更加简洁、高效。

例如,下面一组普通函数就是函数重载,具有相同函数名,但是参数类型或个数有所不同。

```
void f(int,int,char);
void f(char,float);
void f(int,int);
void f(int,float);
```

成员函数重载有3种表达方式:

(1) 在一个类中重载,根据参数的特征加以区别。例如:

```
show(int, char);
show (char*, float);
```

(2) 在不同类中重载。

① 使用类作用域符::加以区分(在不同类中重载,静态成员函数)。例如:

```
Circle::show();
Point::show();
```

② 根据类对象加以区分(在不同类中重载,不同成员函数)。例如:

```
acircle.show()调用 Circle::show()
```

```
apoint.show()调用 Point::show()
```

(3) 基类的成员函数在派生类中重载,在 9.5 节介绍。

[**例 7.1**] 函数实现对象运算示例 1。

通过成员函数实现复数的加法运算。

```
//L7_1.cpp
#include <iostream>
using namespace std;
class complex                                                   //复数类声明
{
public:                                                         //外部接口
    complex(double r=0.0,double i=0.0){  real=r;imag=i;  }      //构造函数
    complex add(complex &c2);                                   //add 成员函数
    void Show();                                                //输出复数
private:                                                        //私有数据成员
    double real;                                                //复数实部
    double imag;                                                //复数虚部
};
complex complex::add(complex &c2)                               //通过成员函数实现
{   complex t;
    t.real=real+c2.real;
    t.imag=imag+c2.imag;
    return t;
}
void complex::Show()
{  cout<<"("<<real<<","<<imag<<")"<<endl;  }
int main()                                                      //主函数
{   complex z1(1.5,2.8),z2(-2.3,3.4),z3;                        //声明复数类的对象
    z3=z1.add(z2);                                              //成员函数调用
    cout<<"z3=";
    z3.Show();
    return 0;
}
```

输出

```
z3=(-0.8,6.2)
```

例 7.1 中通过成员函数 add 调用,实现了对象之间的加运算。注意 add 函数的定义、调用形式与例 7.2 中的友元函数实现的区别。

[**例 7.2**] 函数实现对象运算示例 2。

通过友元函数实现复数的加法运算。

```
//L7_2.cpp
#include <iostream>
using namespace std;
```

```
class complex                                          //复数类声明
{
public:                                                //外部接口
    complex(double r=0.0,double i=0.0)                 //构造函数
    {real=r;imag=i;}
    friend complex add(complex &c1,complex &c2);       //两个复数友元函数相加
    void Show();                                       //输出复数
private:                                               //私有数据成员
    double real;                                       //复数实部
    double imag;                                       //复数虚部
};
complex add(complex &c1,complex &c2)                   //通过友元函数实现
{   complex t;
    t.real=c1.real+c2.real;
    t.imag=c1.imag+c2.imag;
    return t;
}
void complex::Show()
{  cout<<"("<<real<<","<<imag<<")"<<endl;  }
int main()                                             //主函数
{   complex z1(1.5,2.8),z2(-2.3,3.4),z3;               //声明复数类的对象
    z3=add(z1,z2);                                     //友元函数调用
    cout<<"z3=";
    z3.Show();
    return 0;
}
```

输出

```
z3=(-0.8,6.2)
```

例 7.2 中通过友元函数 add 调用实现了对象之间的加运算。注意 add 函数的定义、调用形式与例 7.1 中的成员函数实现的区别。

[**例 7.3**]　函数实现对象运算示例 3。

通过成员函数重载实现复数的加法运算。

```
//L7_3.cpp
#include <iostream>
using namespace std;
class complex                                          //复数类声明
{
public:                                                //外部接口
    complex(double r=0.0,double i=0.0){  real=r;imag=i;  } //构造函数
    complex add(complex &c2);                  //两个复数对象相加的成员函数
    complex add(double e);                     //一个复数对象与一个实数相加的成员函数
    void Show();                               //输出复数
```

```
private:                                              //私有数据成员
    double real;                                      //复数实部
    double imag;                                      //复数虚部
};
complex complex::add(complex &c2)                     //通过成员函数实现
{   complex t;
    t.real=real+c2.real;
    t.imag=imag+c2.imag;
    return t;
}
complex complex::add(double e)                        //通过成员函数实现
{   complex t;
    t.real=real+e;
    t.imag=imag;
    return t;
}
void complex::Show()
{  cout<<"("<<real<<","<<imag<<")"<<endl;  }
int main()                                            //主函数
{   complex z1(1.5,2.8),z2(-2.3,3.4),z3,z4;           //声明复数类的对象
    z3=z1.add(z2);                                    //成员函数调用
    z4=z3.add(5.6);
    cout<<"z3=";
    z3.Show();
    cout<<"z4=";
    z4.Show();
    return 0;
}
```

输出

```
z3=(-0.8,6.2)
z4=(4.8,6.2)
```

例 7.3 中通过重载成员函数 add 调用实现了两个对象之间的加运算以及一个对象与一个实数之间的加运算。注意两个重载成员函数 add 的定义、调用形式的区别。

[**例 7.4**] 函数实现对象运算示例 4。

通过友元函数重载实现复数的加法运算。

```
//L7_4.cpp
#include <iostream>
using namespace std;
class complex                                         //复数类声明
{
public:                                               //外部接口
    complex(double r=0.0,double i=0.0)                //构造函数
```

```
    {  real=r;imag=i;  }
    friend complex add(complex &c1,complex &c2);      //两个复数对象相加的友元函数
    friend complex add(complex &c1,double e);         //一个复数对象与一个实数相
                                                      //加的友元函数
    void Show();                                      //输出复数
private:                                              //私有数据成员
    double real;                                      //复数实部
    double imag;                                      //复数虚部
};
complex add(complex &c1,complex &c2)                  //通过友元函数实现
{  complex t;
   t.real=c1.real+c2.real;
   t.imag=c1.imag+c2.imag;
   return t;
}
complex add(complex &c1,double e)                     //通过友元函数实现
{  complex t;
   t.real=c1.real+e;
   t.imag=c1.imag;
   return t;
}
void complex::Show()
{  cout<<"("<<real<<","<<imag<<")"<<endl;  }
int main()                                            //主函数
{  complex z1(1.5,2.8),z2(-2.3,3.4),z3,z4;            //声明复数类的对象
   z3=add(z1,z2);                                     //友元函数调用
   z4=add(z3,5.6);
   cout<<"z3=";
   z3.Show();
   cout<<"z4=";
   z4.Show();
   return 0;
}
```

输出

```
z3=(-0.8,6.2)
z4=(4.8,6.2)
```

例 7.4 中通过重载友元函数 add 调用实现了两个对象之间的加运算以及一个对象与一个实数之间的加运算。注意两个重载友元函数 add 的定义、调用形式的区别。

定义一种新的数据类型，就同时需要定义对这种类型数据的操作，最基本的方法就是定义一系列能够完成各种运算的函数。

(1) 利用成员函数实现运算，函数中可方便地访问复数对象中的私有成员，如例 7.1。

(2) 利用友元函数实现运算，提供了一种非成员函数访问复数对象中的私有成员的手段，如例 7.2。

(3) 利用函数重载这一种多态性形式，在相同的作用域内使相同的函数名对应着不同的实现，如例 7.3 和例 7.4。

7.2 运算符重载

运算符重载也是多态性的一种形式，运算符重载是对已有的运算符赋予多重含义。通常，运算符重载都有两种方式：重载为成员函数；重载为友元函数。

但有些特殊的运算符只能用一种方式：

(1) 这些运算符的重载只能是成员函数，例如：

```
A& operator =(const A&);
char operator [] (int i);                          //返回值不能作为左值
const char* operator () ();
T operator ->();
//还有很多,不一一列出
```

(2) 这些运算符重载只能是友元函数，例如：

```
friend inline ostream &operator <<(ostream&, A&);      //输出流
friend inline istream &operator >>(istream&, A&);      //输入流
```

运算符两种重载方式的比较：

(1) 一般情况下，单目运算符最好重载为类的成员函数，双目运算符则最好重载为类的友元函数。

(2) 以下双目运算符不能重载为类的友元函数：=、()、[]、->。

(3) 类型转换函数只能定义为一个类的成员函数，而不能定义为类的友元函数。C++ 提供了 4 个类型转换函数：reinterpret_cast(在编译期间实现转换)、const_cast(在编译期间实现转换)、static_cast(在编译期间实现转换)、dynamic_cast(在运行期间实现转换，并可以返回转换成功与否的标志)。

(4) 若一个运算符的操作需要修改对象的状态，选择重载为成员函数较好。

(5) 若运算符所需的操作数(尤其是第一个操作数)希望有隐式类型转换，则只能选用友元函数。

(6) 当运算符函数是一个成员函数时，最左边的操作数(或者只有最左边的操作数)必须是运算符类的一个类对象(或者是对该类对象的引用)。如果左边的操作数必须是一个不同类的对象，或者是一个内部类型的对象，该运算符函数必须作为一个友元函数来实现。

(7) 当需要重载的运算符具有可交换性时，选择重载为友元函数。

运算符重载是很有必要的，因为 C++ 中预定义的运算符，其运算对象只能是基本数据类型，而不适用于用户自定义类型(如类)。

运算符重载是将指定的运算表达式转化为对运算符函数的调用，运算对象转化为运算符函数的实参。编译系统对重载运算符的选择，遵循函数重载的选择原则。

运算符重载的规则和限制如下：

(1) 除了类属关系运算符.、成员指针运算符.*、作用域运算符::、sizeof 运算符和三目

运算符?:以外,C++ 中的所有运算符都可以重载。

(2) 只能重载 C++ 语言中已有的运算符,不可臆造新的。

(3) 不能改变原运算符的优先级和结合性。

(4) 不能改变操作数个数。

(5) 经重载的运算符,其操作数中至少应该有一个是自定义类型(即类)。

运算符重载的声明形式为

```
函数类型   operator 运算符(形参)
{
    …
}
```

重载为类成员函数时,参数个数为原操作数个数减 1(后置++、--除外),因为作为成员函数重载时,第一操作数就是当前对象本身,因此它并不需要出现在参数表中。

重载为友元函数时,参数个数等于原操作数个数,且至少应该有一个自定义类型的形参。由于友元函数不是任何类的成员函数,因此重载时必须在参数表中显式地给出所有的操作数。函数的形参代表自左至右排列的各操作数。

7.2.1 双目运算符重载

设有双目运算符 B,方法 1 是重载 B 为类成员函数,使之能够实现。

双目运算符 B 的表达式为 oprd1 B oprd2,其中 oprd1 为 A 类对象,则 B 应被重载为 A 类的成员函数,形参类型应该是 oprd2 所属的类型。经重载后,表达式 oprd1 B oprd2 相当于 oprd1. operator B(oprd2),即相当于"对象名 oprd1. 函数名 B(参数 oprd2)"的调用形式。

[**例 7.5**] 双目运算符重载实例 1。

要求复数对象的加法运算通过 add 成员函数调用与+运算符重载为成员函数实现。

```
//L7_5.cpp
#include <iostream>
using namespace std;
class complex                                                  //复数类声明
{
public:                                                        //外部接口
    complex(double r=0.0,double i=0.0){  real=r;imag=i;  }   //构造函数
    complex add(complex &c2);                                  //add 成员函数
    complex operator + (complex &c2);                          //+重载为成员函数
    void Show();                                               //输出复数
private:                                                       //私有数据成员
    double real;                                               //复数实部
    double imag;                                               //复数虚部
};
complex complex::add(complex &c2)                              //通过成员函数实现
{   complex t;
    t.real=real+c2.real;
    t.imag=imag+c2.imag;
```

```
    return t;
}
complex complex::operator + (complex &c2)    //重载+运算符为成员函数
{   complex t;
    t.real=real+c2.real;
    t.imag=imag+c2.imag;
    return t;                                //相当于 return complex(t.real,t.imag);
}
void complex::Show()
{   cout<<"("<<real<<","<<imag<<")"<<endl; }
int main()                                   //主函数
{   complex z1(1.5,2.8),z2(-2.3,3.4),z3,z4; //声明复数类的对象
    z3=z1.add(z2);                           //成员函数调用
    cout<<"z3=";
    z3.Show();
    z4=z1+z2;                                //+运算符重载
    cout<<"z4=";
    z4.Show();
    return 0;
}
```

输出

```
z3=(-0.8,6.2)
z4=(-0.8,6.2)
```

例7.5中通过重载成员函数add调用和重载＋运算符为成员函数，分别实现了两个对象之间的加运算。注意两个重载成员函数add与重载＋运算符的定义、调用形式的区别。

设有双目运算符B，方法2是重载B为友元函数，使之能够实现。

双目运算符B的表达式为oprd1 B oprd2，其中B应被重载为A类的友元函数，形参类型应该是oprd1和oprd2所属的类型。经重载后，表达式oprd1 B oprd2相当于operator B (oprd1,oprd2)。

［**例7.6**］ 双目运算符重载实例2。

要求复数对象的加法运算通过add友元函数调用与＋运算符重载为友元函数实现。

```
//L7_6.cpp
#include <iostream>
using namespace std;
class complex                                              //复数类声明
{
public:                                                    //外部接口
    complex(double r=0.0,double i=0.0)                     //构造函数
    {real=r;imag=i;}
    friend complex add(complex &c1,complex &c2);           //两个复数友元函数相加
    friend complex operator + (complex &c1,complex &c2);   //+重载为友元函数
    void Show();                                           //输出复数
```

```
private:                                              //私有数据成员
    double real;                                      //复数实部
    double imag;                                      //复数虚部
};
complex add(complex &c1,complex &c2)                  //通过友元函数实现
{   complex t;
    t.real=c1.real+c2.real;
    t.imag=c1.imag+c2.imag;
    return t;
}
complex operator + (complex &c1,complex &c2)          //通过友元函数重载+运算符
{   complex c;
    c.real=c1.real+c2.real;
    c.imag=c1.imag+c2.imag;
    return c;
}
void complex::Show()
{   cout<<"("<<real<<","<<imag<<")"<<endl; }
int main()                                            //主函数
{   complex z1(1.5,2.8),z2(-2.3,3.4),z3,z4;           //声明复数类的对象
    z3=add(z1,z2);                                    //友元函数调用
    cout<<"z3=";
    z3.Show();
    z4=z1+z2;                                         //+运算符重载
    cout<<"z4=";
    z4.Show();
    return 0;
}
```

输出

```
z3=(-0.8,6.2)
z4=(-0.8,6.2)
```

例 7.6 中通过重载友元函数 add 调用和重载+运算符为友元函数,分别实现了两个对象之间的加运算。注意两个重载友元函数 add 与重载+运算符的定义、调用形式的区别。

7.2.2 单目运算符重载

单目运算符分为前置和后置两种形式。

方法 1:单目运算符重载为成员函数。设单目置运算符为 U,则

(1) 单目运算符重载前置 U 为类成员函数,使之能够实现表达式 U oprd,其中 oprd 为 A 类对象,则 U 应被重载为 A 类的成员函数,无形参。经重载后,表达式 U oprd 相当于 oprd.operator U()。

(2) 单目运算符重载后置 U 为类成员函数,使之能够实现表达式 oprd U,其中 oprd 为 A 类对象,U 应被重载为 A 类的成员函数,且具有一个 int 类型形参,但不必写形参名。经

重载后，表达式 oprd U 相当于 oprd. operator U(0)。

★**注意**：参数0只是后置运算标志。

[**例 7.7**] 复数的单目运算符++重载为成员函数示例。

```
//L7_7.cpp
#include <iostream>
using namespace std;
class complex                                                    //复数类声明
{
public:                                                          //外部接口
    complex(double r=0.0,double i=0.0){ real=r;imag=i; } //构造函数
    complex operator ++();                       //重载前置++运算符为成员函数
    complex operator ++(int);                    //重载后置++运算符为成员函数
    void Show();                                 //输出复数
private:                                         //私有数据成员
    double real;                                 //复数实部
    double imag;                                 //复数虚部
};
complex complex::operator ++()                   //重载成员函数实现
{   complex t;
    t.real=real+1;
    t.imag=imag+1;
    real=real+1;
    imag=imag+1;
    return t;                                    //相当于 return complex(t.real,t.imag);
}
complex complex::operator ++(int)                //重载成员函数实现
{   complex t;
    t.real=real;
    t.imag=imag;
    real=real+1;
    imag=imag+1;
    return t;                                    //相当于 return complex(t.real,t.imag);
}
void complex::Show()
{  cout<<"("<<real<<","<<imag<<")"<<endl;  }
int main()                                       //主函数
{   complex z1(1.5,2.8),z2(1.5,2.8),z3,z4; //声明复数类的对象
    z3=++z1;                                     //++前置运算符重载
    cout<<"z3=";
    z3.Show();
    z4=z2++;                                     //++后置运算符重载
    cout<<"z4=";
    z4.Show();
```

```
    return 0;
}
```

输出

```
z3=(2.5,3.8)
z4=(1.5,2.8)
```

例 7.7 中通过重载＋＋运算符为成员函数，实现了对象前置＋＋和后置＋＋的运算。注意前置和后置重载运算符在定义、调用形式的区别。

方法 2：单目运算符重载为友元函数。设单目运算符为 U，则

(1) 单目运算符重载前置 U 为友元函数，使之能够实现表达式 U oprd，其中 U 应被重载为 A 类的友元函数，有一个形参，即 oprd 所属类型。经重载后，表达式 U oprd 相当于 operator U(oprd)。

(2) 单目运算符重载后置 U 为友元函数，使之能够实现表达式 oprd U，其中 U 应被重载为 A 类的友元函数，有两个形参，其中一个是 oprd 所属类型，另一个是 int 类型，但不必写形参名。经重载后，表达式 oprd U 相当于 operator U(oprd,0)。

★**注意**：参数 0 只是后置运算标志。

[**例 7.8**]　复数的单目运算符＋＋重载为友元函数示例。

```
//L7_8.cpp
#include <iostream>
using namespace std;
class complex                                                   //复数类声明
{
public:                                                         //外部接口
    complex(double r=0.0,double i=0.0){   real=r;imag=i;   } //构造函数
    friend complex operator ++ (complex &c);       //重载前置++运算符为友元函数
    friend complex operator ++ (complex &c,int); //重载后置++运算符为友元函数
    void Show();                                   //输出复数
private:                                           //私有数据成员
    double real;                                   //复数实部
    double imag;                                   //复数虚部
};
complex operator ++ (complex &c)                   //重载友元函数实现
{   complex t;
    t.real=c.real+1;
    t.imag=c.imag+1;
    c.real=c.real+1;
    c.imag=c.imag+1;
    return t;                           //相当于 return complex(t.real,t.imag);
}
complex operator ++ (complex &c,int)    //重载友元函数实现
{   complex t;
    t.real=c.real;
```

```
    t.imag=c.imag;
    c.real=c.real+1;
    c.imag=c.imag+1;
    return t;                              //相当于 return complex(t.real,t.imag);
}
void complex::Show()
{  cout<<"("<<real<<","<<imag<<")"<<endl;  }
int main()                                 //主函数
{   complex z1(1.5,2.8),z2(1.5,2.8),z3,z4;//声明复数类的对象
    z3=++z1;                               //++前置运算符重载
    cout<<"z3=";
    z3.Show();
    z4=z2++;                               //++后置运算符重载
    cout<<"z4=";
    z4.Show();
    return 0;
}
```

输出

```
z3=(2.5,3.8)
z4=(1.5,2.8)
```

例 7.8 中通过重载++运算符为友元函数，实现了对象前置++和后置++的运算。注意前置和后置重载运算符在定义、调用形式的区别。

7.3 课堂练习

以下代码是将例 7.3 的 add 函数修改为+运算符重载。

```
//例 7.3 修改
#include <iostream>
using namespace std;
class complex                                              //复数类声明
{
public:                                                    //外部接口
    complex(double r=0.0,double i=0.0){  real=r;imag=i;  } //构造函数
    complex operator+(complex &c2);              //两个复数对象相加的成员函数
    complex operator+(double e);                 //一个复数对象与一个实数相加的成员函数
    void Show();                                 //输出复数
    friend ostream & operator <<(ostream &output,const complex &c);
    friend istream & operator >>(istream &input,complex &c);
private:                                                   //私有数据成员
    double real;                                           //复数实部
    double imag;                                           //复数虚部
};
```

```
complex complex::operator+ (complex &c2)                //通过成员函数实现
{   complex t;
    t.real=real+c2.real;
    t.imag=imag+c2.imag;
    return t;
}
complex  complex::operator+ (double e)                  //通过成员函数实现
{   complex t;
    t.real=real+e;
    t.imag=imag;
    return t;
}
void complex::Show()
{  cout<<"("<<real<<","<<imag<<")"<<endl;  }
ostream & operator << (ostream &output,const complex &c)
{   output<<"("<<c.real<<","<<c.imag<<")"<<endl;
    return output;
}
istream & operator >> (istream &input,complex &c)
{   input>>c.real>>c.imag;
    if(!input)
        c=complex();
    return input;
}
int main()                                              //主函数
{   complex z1(1.5,2.8),z2(-2.3,3.4),z3,z4;              //声明复数类的对象
    z3=z1+z2;
    z4=z3+5.6;
    cout<<"z3=";
    z3.Show();
    cout<<"z4="<<z4;
    return 0;
}
```

(1) 运行结果是多少?

(2) main 函数中 c3 和 c4 输出方式上有何区别?

(3) 在不改变运行结果,不改动 main 函数代码的情况下,如何将＋运算符重载为友元函数?

7.4　课后习题

本章侧重运算符重载的两种方法：重载为友元函数和重载为成员函数实现对象的运算,注意其函数定义形式与调用形式的不同。

题 7.1　复数类对象的加法运算(运算符重载为成员函数)。用＋运算符实现复数类对

象的加法运算，重载＋运算符为成员函数。

注意与题 6.9、题 7.2 的区别。

```
后置代码:
int main()                                          //主函数
{   complex z1(1.5,2.8),z2(-2.3,3.4),z3;            //声明复数类的对象
    z3=z1+z2;                                       //+运算符被重载
    cout<<"z3=";
    z3.Show();
    return 0;
}
```

无输入。

输出

```
z3=(-0.8,6.2)
```

题 7.2　复数类对象的加法运算（运算符重载为友元函数）。用＋运算符实现复数类对象的加法运算，重载＋运算符为友元函数。

注意与题 6.8、题 7.1 的区别。

```
后置代码:
int main()                                          //主函数
{   complex z1(1.5,2.8),z2(-2.3,3.4),z3;            //声明复数类的对象
    z3=z1+z2;                                       //+运算符被重载
    cout<<"z3=";
    z3.Show();
    return 0;
}
```

无输入。

输出

```
z3=(-0.8,6.2)
```

题 7.3　时间类对象的＋＋运算（重载＋＋运算符为成员函数）。用成员函数重载实现时间类的＋＋运算符。

注意与题 7.4 的区别。

```
后置代码:
int main()
{   Time t1(10,25,52),t2,t3;        //定义一个时间对象 t1,带参数,t2、t3 对象不带参数
    t1.Show();
    t2=++t1;                        //使用重载运算符++完成前置++
```

```
    t1.Show();
    t2.Show();
    t3=t1++;                    //使用重载运算符++完成后置++
    t3.Show();
    t1.Show();
    return 0;
}
```

无输入。

输出

```
10:25:52
10:25:53
10:25:53
10:25:53
10:25:54
```

题 7.4　时间类对象的＋＋运算(重载＋＋运算符为友元函数)。用友元函数重载实现时间类的＋＋运算符。

注意与题 7.3 的区别。

```
后置代码:
int main()
{   Time t1(10,25,52),t2,t3;      //定义一个时间对象 t1,带参数,t2、t3 对象不带参数
    t1.Show();
    t2=++t1;                       //使用重载运算符++完成前置++
    t1.Show();
    t2.Show();
    t3=t1++;                       //使用重载运算符++完成后置++
    t3.Show();
    t1.Show();
    return 0;
}
```

无输入。

输出

```
10:25:52
10:25:53
10:25:53
10:25:53
10:25:54
```

题 7.5　输出日期类对象(重载插入符为友元函数)。重载插入符＜＜为友元函数,要求使用插入符＜＜输出 Date 类的对象数据。

```
后置代码:
int main()
{   Date d1(2013,3,20);
    cout<<d1<<endl;                                    //直接输出对象 d1
    d1.Show();                                         //注意,与前一句等价
    return 0;
}
```

无输入。

输出

```
2013-3-20
2013-3-20
```

题 7.6 输入日期类对象(重载提取符为友元函数)。重载提取符>>,使用提取符>>输出 Date 类的对象数据。

```
后置代码:
int main()
{   Date d1;
    cin>>d1;                                           //输入对象
    d1.Show();
    return 0;
}
```

输入

```
2016 11 7
```

输出

```
2016-11-7
```

输入

```
2013 3 20
```

输出

```
2013-3-20
```

题 7.7 日期类设计与实现(重载++运算符为成员函数)。

重载++运算符(前置、后置)为成员函数,使得在当前日期上加上1天形成一个新的日期,其功能与第5章课后习题5.4用 NewDay 成员函数实现类似。注意++前置与后置的区别。

注意与题7.8的区别。

前置代码：

```
#include <iostream>
using namespace std;
class Date
{
private:
    int year,month,day;                     //年月日
    bool IsLeapYear()                       //判断闰年
    {  return (year%4==0&&year%100!=0)||(year%400==0);  }
public:
    Date operator ++();                     //前置单目运算符重载为成员函数
    Date operator ++(int);                  //后置单目运算符重载为成员函数
    void ShowMe()                           //输出
    {  cout<<year<<"-"<<month<<"-"<<day<<endl;  }
    Date(int y=0,int m=0,int d=0)           //带默认参数的构造函数(无参和有参合二为一)
    {  year=y;month=m;day=d;  }
};
```

后置代码：

```
int main()
{   int a,b,c;
    cin>>a>>b>>c;
    Date x(a,b,c),y;
    x.ShowMe();
    y=x++;
    x.ShowMe();
    y.ShowMe();
    y=++x;
    x.ShowMe();
    y.ShowMe();
    return 0;
}
```

输入

```
2017 12 31
```

输出

```
2017-12-31
2018-1-1
2017-12-31
2018-1-2
2018-1-2
```

题 7.8　日期类设计与实现(重载++运算符为友元函数)。重载++运算符(前置、后

置)为友元函数,使得在当前日期上加上1天形成一个新的日期,其功能与平台题5.4用NewDay成员函数实现类似。注意++前置与后置的区别。

注意此题与题7.7的区别。

前置代码:

```
#include <iostream>
using namespace std;
class Date
{
private:
    int year,month,day;                          //年月日
    bool IsLeapYear()                            //判断闰年
    {   return (year%4==0&&year%100!=0)||(year%400==0);   }
public:
    friend Date operator ++(Date &x);            //前置单目运算符重载为友元函数
    friend Date operator ++(Date &x,int);//后置单目运算符重载为友元函数
    void ShowMe()                                //输出
    {   cout<<year<<"-"<<month<<"-"<<day<<endl;   }
    Date(int y=0,int m=0,int d=0)                //带默认参数的构造函数(无参和有参合二为一)
    {   year=y; month=m; day=d;   }
};
```

后置代码:

```
int main()
{   int a,b,c;
    cin>>a>>b>>c;
    Date x(a,b,c),y;
    x.ShowMe();
    y=x++;
    x.ShowMe();
    y.ShowMe();
    y=++x;
    x.ShowMe();
    y.ShowMe();
    return 0;
}
```

输入

```
2017 12 31
```

输出

```
2017-12-31
2018-1-1
2017-12-31
```

```
2018-1-2
2018-1-2
```

题 7.9　计算不同对象的重量(运算符重载)。设 boat 类和 car 类都有数据成员 weight,要求重载运算符+计算二者的重量和。

本题是题 6.12 的第 3 种方法实现。

```
后置代码:
int main()
{   boat b(4);
    car c(5);
    b.show();
    c.show();
    cout<<"总重"<<b+c<<endl;
    return 0;
}
```

无输入。

输出

```
boat 重 4
car 重 5
总重 9
```

第8章 组合与继承

8.1 类的重用

类的重用，即代码重用，是面向对象最引人注目的功能之一。

为什么要进行类的重用?

(1) 可以通过创建新类来复用代码，而不必再重头开始编写。

(2) 可以使用别人已经开发并调试好的类。

如何实现类的重用? 有两种方法可以达到这一目的：

(1) 在新类中使用其他类的对象。即新类由多种类的对象组成，这种方法称为组合。

(2) 在现有类的基础上创建新类，在其中添加新代码，这种方法称为继承。

通过继承，可以根据已有类来定义新类，新类拥有已有类的所有功能。

8.2 组合

组合是类重用的一种方式。在定义一个类时，若类的数据成员或者成员函数的参数是另一个类的对象，这就是类的组合。

8.2.1 组合定义

组合语法很简单，只要把已存在类的对象放到新类中即可。组合的类定义格式与一般(没有继承关系)的类定义格式一样，就不介绍了。

组合适用于两个对象之间的“has-a”关系，这个关系在UML图中表示聚合，体现了类之间的整体和局部的关系，并且没有了整体，局部也可单独存在。例如公司和员工的关系，公司包含员工，但如果公司倒闭，员工依然可以换公司，如图8.1所示。

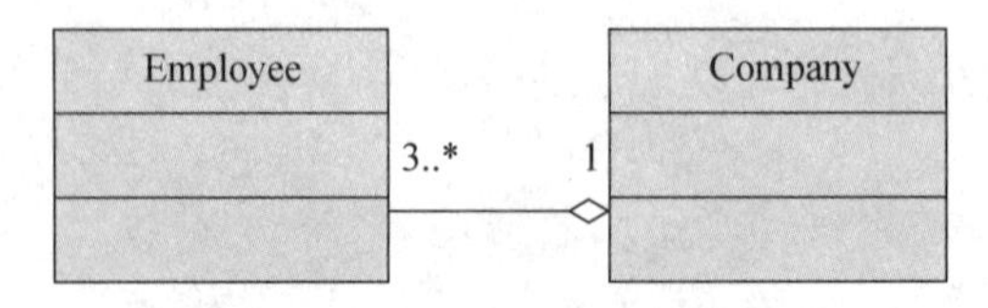

图8.1 Company类图

图8.1中，公司和员工之间的“has-a”关系用空心菱形和实线来表示，即聚合关系，菱形从局部指向整体。Company类的UML图中还给出关联时的数量关系，一个Company应该包含大于或等于3个Employee对象，所以用“3.. *”和“1”表示。

UML 图中组合(Composition)表示“contains-a”的关系,是一种强烈的包含关系。组合类负责被组合类的生命周期,是一种比聚合更强的关系,部分不能脱离整体存在。例如公司和部门的关系,没有了公司,部门也不能存在了,如图 8.2 所示,在类图中用实心的菱形表示,菱形从局部指向整体。

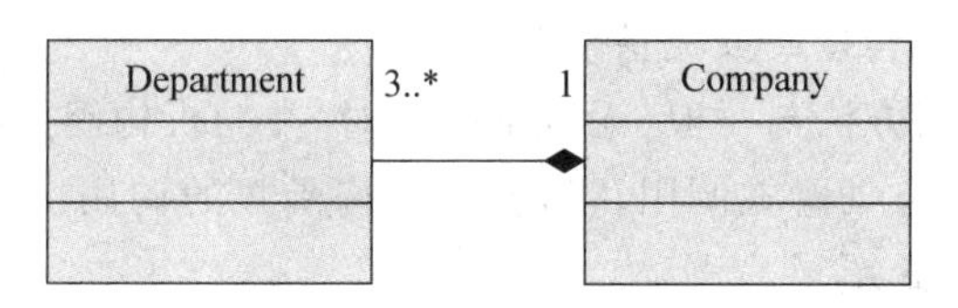

图 8.2　Company 类图

通过对图 8.1 和图 8.2 的比较,理解聚合和组合的区别。本章中类的组合实际上是聚合关系。

再如,采用类的组合实现两点之间的距离计算,从组合角度,线段由两个点组成,则通过“has-a”即可简单地把 Point 对象放在类 Line 中。类 Point 的对象被类 Line 用作数据成员,实现由两个点连成一条线,如图 8.3 所示。

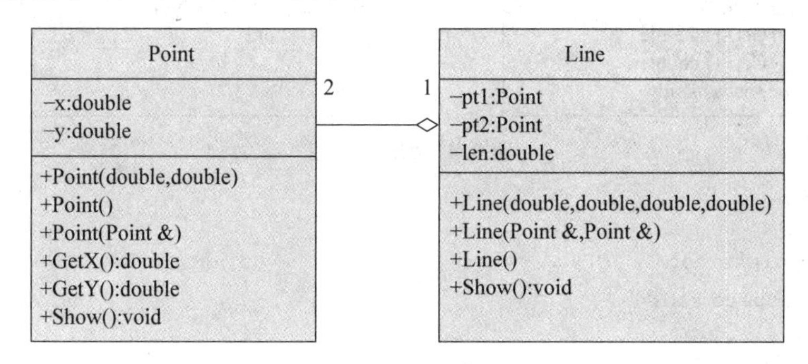

图 8.3　Line 类图

图 8.3 中,Line 类的 UML 图中还给出关联时的数量关系,两个 Point 对象决定一条 Line,所以用“1”和“2”表示。如果将 Line 换成多边形,多边形应该包含大于或等于 3 个 Point,则应将“2”换成“3.. *”。组合时,Line 的对象不能直接存取 Point 类的对象的私有数据成员,但可以通过 Point 类的对象成员 pt1 和 pt2 存取(对象名.成员名,public 访问权限)。

8.2.2　组合的构造函数

组合的构造函数设计的原则:不仅要负责对本类中的基本类型成员数据赋初值,也要对对象成员初始化。

组合构造函数的声明形式为

```
类名::类名(对象成员所需的形参,本类成员形参)
    :对象 1(参数),对象 2(参数),…
{  本类初始化  }
```

★注意:

(1) 组合的构造函数调用顺序:先调用内嵌对象的构造函数(按内嵌时的声明顺序,先声明者先构造)，然后调用本类的构造函数。

(2) 若调用默认构造函数(即无形参)，则内嵌对象的初始化也将调用相应的默认构造函数。

(3) 当需要执行类中带形参的构造函数来初始化数据时，组合对象的构造函数应在初始化列表中为组合对象的构造函数提供参数。

组合的析构函数声明方法与一般(无继承关系时)类的析构函数相同。当不需要显式地调用析构函数时，系统会自动隐式调用。组合的析构函数的调用次序与组合的构造函数的调用次序相反，这里就不介绍了。

[**例 8.1**] 要求用类的组合方法输出圆的信息，包括半径和圆心，圆类的类图如图 8.4 所示。注意与例 6.8 介绍的友元机制的区别。

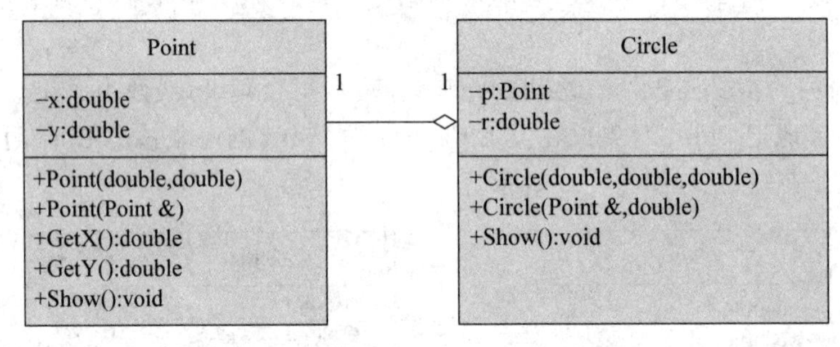

图 8.4 Circle 类图

```
//L8_1.cpp
#include <iostream>
using namespace std;
class Point
{
private:
    double x,y;
public:
    Point(double a=0.0,double b=0.0)
    {  x=a;y=b;  }
    void Show()
    {  cout<<x<<","<<y<<endl;  }
    double GetX()
    {  return x;  }
    double GetY()
    {  return y;  }
};
class Circle
{
public:
    Circle(double a=0.0,double b=0.0,double c=0.0):p(a,b)
    {  r=c;  }
    Circle(Point &a,double c=0.0):p(a)
```

```
    {  r=c;  }
    double Area()
    {  return 3.14*r*r;  }
    void Show();
private:
    double r;
    Point p;                                    //定义一个 Point 对象
};
void Circle::Show()
{   cout<<"半径="<<r<<endl<<"圆心=";
    cout<<p.GetX()<<","<<p.GetY()<<endl;        //等价于 p.Show();
}
int main()
{   Point p1(10,10);                            //定义点类对象
    Circle c1(100,100,10),c2(p1,5);             //定义圆类对象
    c1.Show();                                  //调用成员函数
    c2.Show();                                  //调用成员函数
    return 0;
}
```

输出

```
半径=10
圆心=100,100
半径=5
圆心=10,10
```

例 8.1 中,点类对象 p 是圆类的一个数据成员,这是组合的特征,圆类的构造函数不仅要提供数据成员半径的初始化,还要提供点类对象的初始化。与例 6.8 的友元机制不同,类组合不打破点类的封装,通过 p 对象调用点类的公有成员函数,间接获取点类的私有数据成员。Circle 类的 Show 函数中,cout<<p.GetX()<<","<<p.GetY()<<endl;等价于 p.Show();。

8.3　继承

所谓继承就是在现有类的基础上创建新类,在其中添加新代码。通过继承,可以根据已有类来定义新类,新类拥有已有类的所有功能。继承的目的就是实现代码重用。

C++ 支持类的单继承,也支持类的多继承,本章重点是单继承,即每个子类有一个直接父类。

8.3.1　继承与派生

所谓派生就是当新的问题出现,原有程序无法解决(或不能完全解决)时,需要对原有程序进行改造,可以增加变量和方法,也可以覆盖/重写(override)继承的方法。

继承关系中,基类/父类(super class)是所有派生类/子类(derived class)的公共属性及

方法的集合，子类则是父类的特殊化，子类继承所有祖先的状态和行为。

继承与派生的关系可以使用"is-a"语句来描述。"is-a"关系在 UML 图中表示泛化，体现了类之间的继承关系，使用一条带有空心三角箭头的实线指向基类表示泛化关系。例如：线段由两个点组成，则通过"is-a"继承 Point 类，在此基础上派生 Line 类，这两个类的继承关系如图 8.5 所示。图 8.5 表达了"Line is kind of Point"的含义。

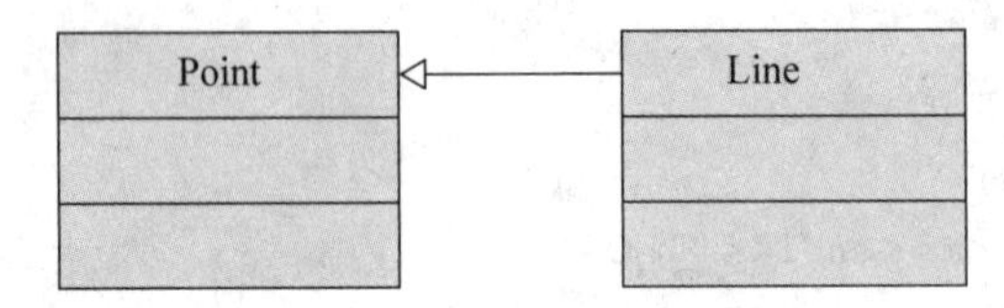

图 8.5　Point 和 Line 的类图

基类与派生类的对应关系有 4 种：

(1) 单继承(也叫单一继承)。

派生类只从一个基类派生。例如，图 8.5 中 Line 类的基类只有一个，即 Point 类，所以是单继承。

(2) 多继承(也叫多重继承)。

派生类从多个基类派生。例如，图 8.6 中 ComputerStereo 类的基类有 2 个，分别是 Computer 和 Stereo，这就是多继承。

(3) 多重派生。

由一个基类派生出多个不同的派生类。例如，图 8.6 中 Product 作为基类派生出 3 个不同的派生类：Computer、Stereo 以及 Software 类，这就是多重派生。

(4) 多层派生。

派生类又作为基类，继续派生新的类，这就是多层派生。这样就形成类的一个家族——类族。在类族中，直接派生出某类的基类称为直接基类，基类的基类甚至更高层的基类也称为间接基类。这些类之间的关系如图 8.6 所示。

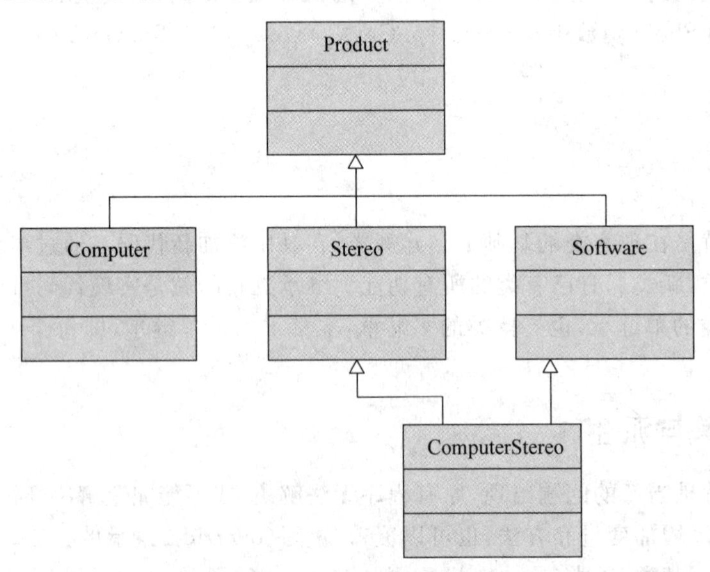

图 8.6　Product、Computer、Stereo、Software、ComputerStereo 类图

图 8.6 中 Stereo 和 Software 是 Product 的派生类，同时又作为基类，继续派生新的类 ComputerStereo，这就是多层派生。这样图 8.6 中的几个类形成了一个家族，Product 基类是 Computer、Stereo 以及 Software 类的直接基类，是 ComputerStereo 类的间接基类。

8.3.2 派生类定义

派生类的定义格式如下：

```
class  派生类名：继承方式 基类名 1,…,继承方式 基类名 n
{
    派生类成员声明;
};
```

如果继承时有多个基类，需要用逗号分隔。每一个继承方式只用于限制对紧随其后的基类的继承。

继承方式有 3 种：

(1) public：即公有继承，是指基类的 public 和 protected 成员的访问属性在派生类中保持不变，但基类的 private 成员不可直接访问。

公有继承方式中派生类的成员函数可以直接访问基类的 public 和 protected 成员，但不能直接访问基类的 private 成员。通过派生类的对象只能访问基类的 public 成员。

(2) protected：即保护继承，是指基类的 public 和 protected 成员都以 protected 身份出现在派生类中，但基类的 private 成员不可直接访问。

保护继承方式中派生类的成员函数可以直接访问基类的 public 和 protected 成员，但不能直接访问基类的 private 成员。通过派生类的对象不能直接访问基类中的任何成员。

(3) private：即私有继承，是指基类的 public 和 protected 成员都以 private 身份出现在派生类中，但基类的 private 成员不可直接访问。

私有继承方式中派生类的成员函数可以直接访问基类的 public 和 protected 成员，但不能直接访问基类的 private 成员。通过派生类的对象不能直接访问基类中的任何成员。

★**注意**：如果不显式给出继承方式，系统默认为私有继承(private)。另外基类的构造函数和析构函数不被继承，不用分析。

［**例 8.2**］ 公有继承示例 1。要求用类的公有继承方式输出圆的信息，包括半径和圆心。

```
//L8_2.cpp
#include <iostream>
using namespace std;
class Point
{
private:
    double x,y;
public:
    void SetP(double a,double b)
    {  x=a;y=b;  }
    void ShowP()
```

```
    {  cout<<x<<","<<y<<endl;  }
    double GetX()
    {  return x;  }
    double GetY()
    {  return y;  }
};
class Circle:public Point
{
public:
    void SetC(double a,double b,double c)
    {  SetP(a,b);r=c;  }
    void ShowC();
private:
    double r;
};
void Circle::ShowC()
{   cout<<"半径="<<r<<endl<<"圆心=";
    cout<<GetX()<<","<<GetY()<<endl;                    //等价于 ShowP();
}
int main()
{   Circle c1;                                          //定义圆类对象
    c1.SetC(100,100,10);                                //调用成员函数
    c1.ShowC();                                         //调用成员函数
    cout<<c1.GetX()<<","<<c1.GetY()<<endl;              //等价于 c1.ShowP();
    return 0;
}
```

输出

```
半径=10
圆心=100,100
100,100
```

图 8.7 给出了例 8.2 中 Point 和 Circle 类的类图，以公有继承方式重用 Point 类，Point 类的公有成员在 Circle 类中访问权限不变，仍然是公有的。例 8.2 中，公有继承方式下，Circle 类对成员的访问权限如表 8.1 所示。

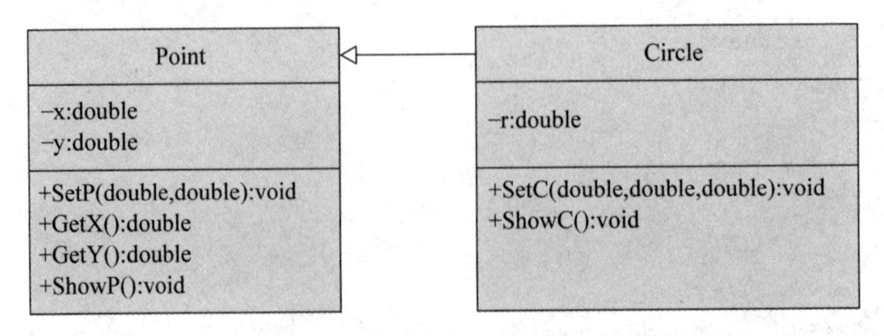

图 8.7　例 8.2 中 Point 和 Circle 的类图

表 8.1　公有继承方式下 Circle 类对成员的访问权限

成　　员	访 问 权 限
Point::x	不能直接访问
Point::y	不能直接访问
Point::GetX()	Public
Point::GetY()	Public
Point::SetP()	Public
Point::ShowP()	Public
R	Private
SetC()	Public
ShowC()	Public

Circle 类的 SetC 函数不仅要提供数据成员半径的赋值，还要提供基类 Point 类的 x、y 的赋值，即使 x、y 是 Point 类的私有数据成员，Circle 类也不能直接访问，但是不要忘记 Circle 类已经继承了 Point 类的数据成员。同理，没有充分利用继承的基类的数据成员，又增加新的成员函数，这都是不正确的做法。

例 8.2 中，公有继承派生类对象可以访问基类的公有成员，因此 main 函数中可以通过"派生类对象.成员"方式访问 GetX、GetY 和 ShowP 函数。另外 Circle 类的 Show 函数中，cout<<GetX()<<","<<GetY()<<endl;等价于 Show();。

[**例 8.3**]　保护继承示例。要求用类的保护继承方式输出圆的信息，包括半径和圆心。

```
//L8_3.cpp
#include <iostream>
using namespace std;
class Point
{
private:
    double x,y;
public:
    void SetP(double a,double b)
    {  x=a;y=b;  }
    void ShowP()
    {  cout<<x<<","<<y<<endl;  }
    double GetX()
    {  return x;  }
    double GetY()
    {  return y;  }
};
class Circle:protected Point
{
public:
```

```
    void SetC(double a,double b,double c)
    {  SetP(a,b);r=c;  }
    void ShowC();
private:
    double r;
};
void Circle::ShowC()
{    cout<<"半径="<<r<<endl<<"圆心=";
     cout<<GetX()<<","<<GetY()<<endl;                    //等价于 ShowP();
}
int main()
{   Circle c1;                                         //定义圆类对象
    c1.SetC(100,100,10);                               //调用成员函数
    c1.ShowC();                                        //调用成员函数
    //保护继承不能访问,所以下面的语句被注释掉
    //cout<<c1.GetX()<<","<<c1.GetY();                 //等价于 c1.ShowP();
    return 0;
}
```

输出

```
半径=10
圆心=100,100
```

例 8.3 中,保护继承方式重用 Point 类,Point 类的公有成员在 Circle 类中访问权限发生了变化,成为保护的成员。保护继承方式下,Circle 类对成员的访问权限如表 8.2 所示。

表 8.2　保护继承方式下 Circle 类对成员的访问权限

成　员	访问权限
Point::x	不能直接访问
Point::y	不能直接访问
Point::GetX()	Protected
Point::GetY()	Protected
Point::SetP()	Protected
Point::ShowP()	Protected
R	Private
SetC()	Public
ShowC()	Public

例 8.3 中,保护继承方式下,派生类对象不可以访问基类的公有成员,因此 main 函数中不能通过“派生类对象.成员”的方式访问 GetX、GetY 和 ShowP 函数。另外 Circle 类的 Show 函数中,cout<<GetX()<<","<<GetY()<<endl;等价于 Show();。

[**例 8.4**]　私有继承示例。要求用类的私有继承方式输出圆的信息,包括半径和圆心。

```
//L8_4.cpp
#include <iostream>
using namespace std;
class Point
{
private:
    double x,y;
public:
    void SetP(double a,double b)
    {  x=a;y=b;  }
    void ShowP()
    {  cout<<x<<","<<y<<endl;  }
    double GetX()
    {  return x;  }
    double GetY()
    {  return y;  }
};
class Circle:private Point
{
public:
    void SetC(double a,double b,double c)
    {  SetP(a,b);r=c;  }
    void ShowC();
private:
    double r;
};
void Circle::ShowC()
{  cout<<"半径="<<r<<endl<<"圆心=";
   cout<<GetX()<<","<<GetY();                         //等价于 ShowP();
}
int main()
{  Circle c1;                                         //定义圆类对象
   c1.SetC(100,100,10);                               //调用成员函数
   c1.ShowC();                                        //调用成员函数
   //私有继承不能访问,下面的语句被注释掉
   //cout<<c1.GetX()<<","<<c1.GetY();                 //等价于 c1.ShowP();
   return 0;
}
```

输出

```
半径=10
圆心=100,100
```

例 8.4 中,私有继承方式重用 Point 类,Point 类的成员在 Circle 类中访问权限发生了变化,成为私有成员。私有继承方式下,Circle 类对成员的访问权限如表 8.3 所示。

表 8.3 私有继承方式下 Circle 类对成员的访问权限

成　　员	访 问 权 限
Point::x	不能直接访问
Point::y	不能直接访问
Point::GetX()	Private
Point::GetY()	Private
Point::SetP()	Private
Point::ShowP()	Private
R	Private
SetC()	Public
ShowC()	Public

例 8.4 中，私有继承方式下，派生类对象不可以访问基类的公有成员，因此 main 函数中不能通过“派生类对象.成员”的方式访问 GetX、GetY 和 ShowP 函数。另外 Circle 类的 Show 函数中，cout<<GetX()<<","<<GetY()<<endl;等价于 Show();。

从例 8.2 至例 8.4 可以看出，不同继承方式的影响主要体现为派生类成员对基类成员的访问权限以及通过派生类对象对基类成员的访问权限。

[**例 8.5**]　公有继承示例 2。要求用类的公有继承方式输出圆的信息，包括半径和圆心。

```
//L8_5.cpp
#include <iostream>
using namespace std;
class Point
{
protected:
    double x,y;
public:
    void SetP(double a,double b)
    {   x=a;y=b;   }
    void ShowP()
    {   cout<<x<<","<<y<<endl;   }
};
class Circle:public Point
{
public:
    void SetC(double a,double b,double c)
    {   SetP(a,b);r=c;   }

    void ShowC();
private:
```

```
    double r;
};
void Circle::ShowC()
{   cout<<"半径="<<r<<endl<<"圆心=";
    cout<<x<<","<<y<<endl;                        //等价于 ShowP();
}
int main()
{   Circle c1;                                    //定义圆类对象
    c1.SetC(100,100,10);                          //调用成员函数
    c1.ShowC();                                   //调用成员函数
    return 0;
}
```

输出

```
半径=10
圆心=100,100
```

图 8.8 给出了例 8.5 中 Point 和 Circle 类的类图,以公有继承方式重用 Point 类,Point 类的公有成员在 Circle 类中访问权限不变,仍然是公有的, Point 类的保护成员在 Circle 类中访问权限不变,仍然是保护的。由于 x、y 的是 Point 类的保护数据成员,Circle 类能直接访问,因此可以减少返回数据成员的函数设计。例 8.5 中,公有继承方式下,Circle 类对成员的访问权限如表 8.4 所示。

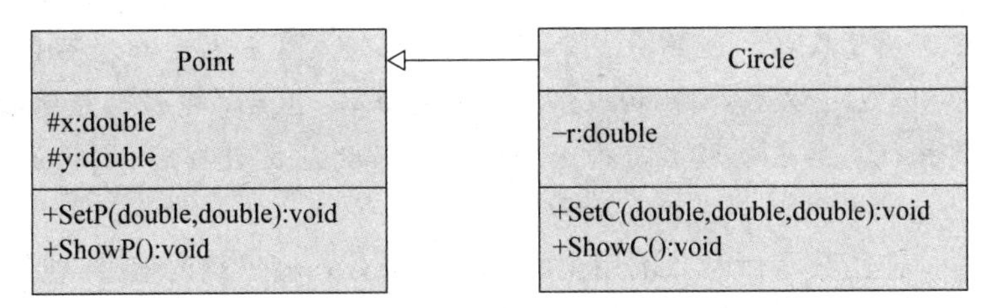

图 8.8 例 8.5 中 Point 和 Circle 的类图

表 8.4 公有继承方式下 Circle 类对成员的访问权限

成　员	访问权限
Point::x	Protected
Point::y	Protected
Point::GetX()	Public
Point::GetY()	Public
Point::SetP()	Public
Point::ShowP()	Public
R	Private
SetC()	Public
ShowC()	Public

Circle类的SetC函数不仅要提供数据成员半径的赋值，还要提供基类Point类的x、y的赋值。

从上面对于继承方式的分析可见，无论哪种继承方式，protected成员对于建立其所在类对象的模块来说与private成员的性质相同。对于其派生类来说与public成员的性质相同。这样既实现了数据隐藏，又方便继承，可以实现代码重用。可以对比例8.2、例8.3以及本章课后习题的题8.5和题8.6体会这一点。

8.3.3 派生类的构造函数

基类的构造函数不被继承，派生类中需要声明自己的构造函数。派生类的构造函数需要给基类的构造函数传递参数。

派生类的构造函数定义形式如下：

```
派生类名::派生类名(基类所需的形参,本类成员所需的形参):基类名(参数)
{   本类成员初始化赋值语句;
};
```

★注意：

(1) 单继承中派生类调用构造函数的顺序：先调用基类构造函数，如果基类有多个，则基类构造函数按照它们被继承时声明的顺序(从左向右)调用。如果派生类中有组合对象，再对成员对象进行初始化，初始化时按照它们在类中声明的顺序进行。最后执行派生类的构造。

(2) 基类中声明了默认构造函数或未声明构造函数时，派生类构造函数可以不向基类构造函数传递参数，也可以不声明，构造派生类的对象时，基类的默认构造函数将被调用。

(3) 当需要执行基类中带形参的构造函数来初始化基类数据时，派生类构造函数应在初始化列表中为基类构造函数提供参数。

[例8.6] 构造函数示例。要求用类的公有继承方式输出圆的信息，包括半径和圆心。

```
//L8_6.cpp
#include <iostream>
using namespace std;
class Point
{
protected:
    double x,y;
public:
    Point(double a=0,double b=0)
    {  x=a;y=b;  }
    void ShowP()
    {  cout<<x<<","<<y<<endl;  }
};
class Circle:public Point
{
public:
```

```
    Circle(double a=0,double b=0,double c=0):Point(a,b)
    {  r=c;  }
    void ShowC();
private:
    double r;
};
void Circle::ShowC()
{   cout<<"半径="<<r<<endl<<"圆心=";
    cout<<x<<","<<y<<endl;                    //等价于 ShowP();
}
int main()
{   Circle c1(100,100,10);                    //定义圆类对象
    c1.ShowC();                               //调用成员函数
    return 0;
}
```

输出

```
半径=10
圆心=100,100
```

图 8.9 给出了例 8.6 中 Point 和 Circle 类的类图，以公有继承方式重用 Point 类。由于定义了构造函数，所以 Circle c1(100,100,10);可以定义带参数的对象，由系统自动调用构造函数完成相应数据成员的初始化。

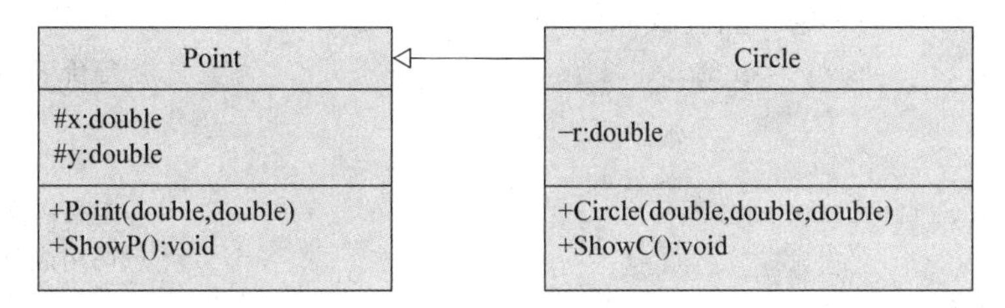

图 8.9　例 8.6 中 Point 和 Circle 的类图

8.3.4　派生类的析构函数

基类的析构函数也不被继承，派生类中也需要自行声明派生类的析构函数。派生类的析构函数的声明方法与一般(无继承关系时)类的析构函数相同。当不需要显式地调用基类的析构函数时，系统会自动隐式调用。派生类的析构函数的调用次序与派生类的构造函数调用次序相反。

[**例 8.7**]　析构函数示例。在例 8.6 的基础上修改程序，增加构造函数和析构函数的调用提示，并注意构造函数与析构函数调用顺序。

```
//L8_7.cpp
#include <iostream>
using namespace std;
class Point
```

```
{
protected:
    double x,y;
public:
    Point(double a=0,double b=0)
    {  x=a;y=b;cout<<"Point类"<<endl;  }
    void ShowP()
    {  cout<<x<<","<<y<<endl;  }
    ~Point()
    {  cout<<"~Point类"<<endl;  }
};
class Circle:public Point
{
public:
    Circle(double a=0,double b=0,double c=0):Point(a,b)
    {  r=c; cout<<"Circle类"<<endl;  }
    void ShowC();
    ~Circle()
    {  cout<<"~Circle类"<<endl;  }
private:
    double r;
};
void Circle::ShowC()
{   cout<<"半径="<<r<<endl<<"圆心=";
    cout<<x<<","<<y<<endl;                              //等价于 ShowP();
}
int main()
{   Circle c1(100,100,10);                              //定义圆类对象
    c1.ShowC();                                         //调用成员函数
    return 0;
}
```

输出

```
Point类
Circle类
半径=10
圆心=100,100
~Circle类
~Point类
```

例 8.7 中析构函数的调用顺序与构造函数的调用顺序相反。

8.3.5 继承中的同名覆盖规则

所谓同名覆盖原则，是指当派生类与基类有同名成员时，若未强行指名，则通过派生类对象使用的是派生类中的同名成员。如要通过派生类对象访问基类中被覆盖的同名成员，

应使用基类名限定(使用作用域分辨符::)。

当基类和派生类具有同名成员时,对象应该使用哪一个同名成员?对象一定先调用自己的同名成员,如果自己没有同名成员,则调用直接基类的同名成员,以此类推。

[**例 8.8**]　同名覆盖函数示例。要求用类的公有继承方式输出圆的信息,包括半径和圆心。

```
//L8_8.cpp
#include <iostream>
using namespace std;
class Point
{
protected:
    double x,y;
public:
    Point(double a=0,double b=0)
    {   x=a;y=b;   }
    void Show()
    {   cout<<x<<","<<y<<endl;   }
};
class Circle:public Point
{
public:
    Circle(double a=0,double b=0,double c=0):Point(a,b)
    {   r=c;   }
    void Show();
private:
    double r;
};
void Circle::Show()
{   cout<<"半径="<<r<<endl<<"圆心=";
    cout<<x<<","<<y<<endl;    //等价于 Point::Show();,调用被隐藏的基类同名成员函数
}
int main()
{   Circle c1(100,100,10);        //定义圆类对象
    c1.Show();                    //调用成员函数
    return 0;
}
```

输出

```
半径=10
圆心=100,100
半径=10
圆心=100,100
```

图 8.10 给出了例 8.8 中 Point 和 Circle 类的类图,以公有继承方式重用 Point 类。派

生类的对象 c1 调用派生类的同名函数 Show，在该函数中，cout＜＜"半径＝"＜＜r＜＜endl＜＜"圆心＝"＜＜x＜＜","＜＜y＜＜endl；等价于 cout＜＜"半径＝"＜＜r＜＜endl＜＜"圆心＝"；Point::Show()；。Point::Show()；语句的作用就是调用被隐藏的基类同名成员函数。

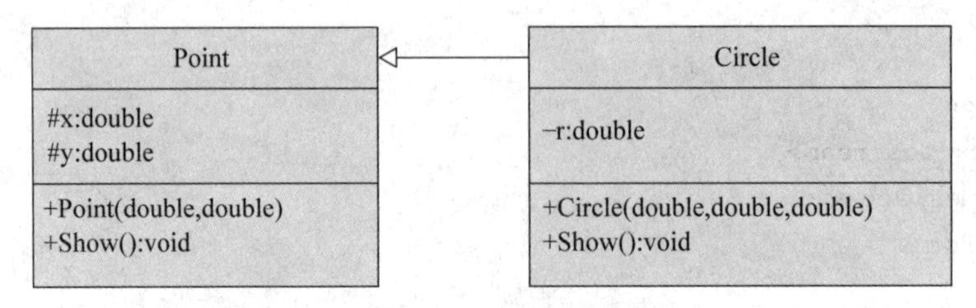

图 8.10　例 8.8 中 Point 和 Circle 的类图

注意重载与重写的区别，虽然两者同名。

(1) override(重写)。

- 方法名、参数、返回值相同。
- 子类方法不能缩小父类方法的访问权限。
- 子类方法不能抛出比父类方法更多的异常(但子类方法可以不抛出异常)。
- 存在于父类和子类之间。

(2) overload(重载)。

- 参数类型、个数、顺序至少有一个不相同。
- 不能重载只有返回值不同的方法名。
- 存在于父类和子类、同类中。

8.4　课堂练习

练习 1　写出以下代码的输出结果，分析程序中的代码重用方式是什么？画出类图。

```
#include <iostream>
using namespace std;
class wing
{
public:
    wing(){  cout<<"wing"<<endl;  }
};
class bird
{   wing w1,w2;
    int age;
public:
    bird(int a)                  //隐式调用 wing 类的无参构造函数完成 w1 和 w2 对象初始化
    {  age =a;cout<<"bird,age="<<age<<endl;  }
};
int main()
```

```
{   bird b(1);
    return 0;
}
```

★注意：此题的组合对象 w1 和 w2 没有数据成员，但是显式定义了无参构造函数，因此定义 b 对象调用 bird 类带参数构造函数时，首先要初始化内嵌的组合对象 w1 和 w2，这时会调用 wing 类的无参构造函数。

练习 2 根据以下代码回答问题，程序中通过公有继承 Point 类派生 Rectangle(矩形)类。

```
#include <iostream>
using namespace std;
class Point
{
private:
    double x,y;
public:
    Point(double a=0,double b=0)
    {  x=a;y=b;  }
    void ShowP()
    {  cout<<x<<","<<y;  }
    double GetX()
    {  return x;  }
    double GetY()
    {  return y;  }
};
class Rectangle: public Point
{
public:
    double GetW(){  return W;  }
    double GetH(){  return H;  }
    Rectangle(double a=0,double b=0,double c=0,double d=0);
private:
    double W, H;
};
Rectangle::Rectangle(double a,double b,double c,double d):Point(a,b)
{  W=c; H=d;  }
int main()
{
    Rectangle rect(2,3,20,10);
    cout<<rect.GetX()<<","<<rect.GetY()<<","
    <<rect.GetW()<<","<<rect.GetH()<<endl;
    return 0;
}
```

(1) 运行结果是多少？

(2) 分析 Rectangle 类可以访问的成员以及对该成员的访问权限。

(3) 在不改变运行结果，不改动 Point 类，不改动 main 函数代码的情况下，将公有继承方式改为保护继承，用什么规则修改 Rectangle 类的代码？如何修改？

8.5 课后习题

本章涉及组合与继承实现的代码重用。要求画出题 8.3 至题 8.5 对应类的类图。要求是带类型、参数、访问权限等信息的长式类图。

题 8.1 线段类设计与实现(类组合)。要求在 Point 类基础上采用类组合的思想设计一个线段类，如图 8.11 所示，线段类包括两个点类对象，成员函数能显示该线段的起点坐标、终点坐标以及线段的长度。两个点坐标从键盘输入，线段长度通过公式计算。

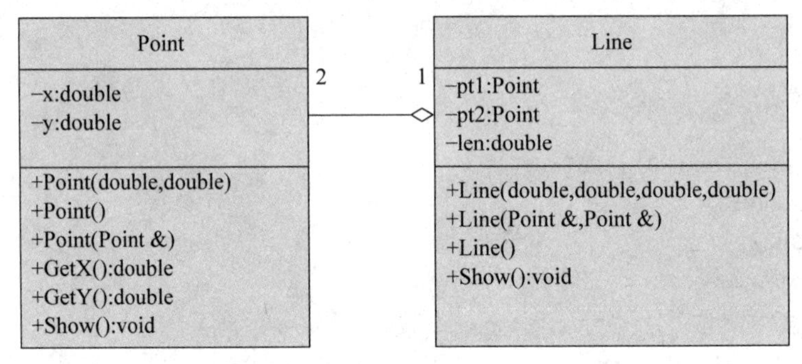

图 8.11 Point 和 Line 的类图

分析程序结果，特别是构造函数调用顺序，注意线段 xd1 和 xd2 的构造函数调用的区别。

注意本题计算两点之间的距离与题 6.4 至题 6.7、题 8.5、题 8.6 的区别。

```
前置代码:
#include <iostream>
#include <cmath>
using namespace std;
class Point                                         //点类定义
{
private:
    double x,y;                                     //点坐标
public:
    Point(double i,double j)                        //带参数的构造函数
    {   x=i; y=j;
        cout<<"Point 类的带参数构造函数被调用"<<endl;
    }
    Point()                                         //无参构造函数
    {   x=0; y=0;
        cout<<"Point 类的无参构造函数被调用"<<endl;
```

```
    }
    Point(Point &p)                                    //复制构造函数
    {   x=p.x; y=p.y;
        cout<<"Point 类的复制构造函数被调用"<<endl;
    }
    double getx()
    {  return x;  }
    double gety()
    {  return y;  }
    void Show()
    {  cout<<"("<<x<<","<<y<<")"<<endl;  }
};
```

后置代码：

```
int main()
{   Point p1(100,100),p2(200,300);
    Line xd1(p1,p2);
    xd1.Show();
    Line xd2(100,100,200,300);
    xd2.Show();
    return 0;
}
```

无输入。

输出

```
Point 类的带参数构造函数被调用
Point 类的带参数构造函数被调用
Point 类的复制构造函数被调用
Point 类的复制构造函数被调用
Line 类的有参构造函数 1 被调用
start=(100,100)
end=(200,300)
length=223.607
Point 类的带参数构造函数被调用
Point 类的带参数构造函数被调用
Line 类的有参构造函数 2 被调用
start=(100,100)
end=(200,300)
length=223.607
```

题 8.2　方孔钱币类设计(类组合)。方孔钱应天圆地方之说，从秦始皇铸钱开始便以此为形，材质通常为铜，也有铁质的，直径 2.5～2.7cm，重 3.8～5.6g，钱币上铸有文字，如图 8.12 所示。

大安元宝•辽(公元916–1125年)　周元通宝•五代十国(公元907–960年)

五铢•隋(公元581–618年)　开元通宝•唐(公元618–907年)

常平五铢•南北朝(公元420–589年)　直百五铢•三国(公元220–265年)

图 8.12　方孔钱币

要求在 Circle 类和 Square 类基础上采用类组合的思想，设计一个钱币类并测试之。注意钱币 m 和 n 的构造函数调用的区别。

前置代码：

```
#include <iostream>
#include <string>
using namespace std;
class Square                                    //正方形类
{
private:
    double x;                                   //边长
public:
    Square(double i=0)                          //带默认参数值的构造函数
    {  x=i;  }
    double getx()
    {  return x;  }
};
class Circle                                    //圆类
{
private:
    double r;                                   //半径
public:
    Circle(double i=0)                          //带默认参数值的构造函数
    {  r=i;  }
    double getr()
    {  return r;  }
};
```

后置代码：

```
int main()
{   Square x(0.2);
    Circle y(1.25);
    Coin m(0.3,1.3,5.13,"开元通宝","银"),n(x,y,3.5,"五铢","铜");
    m.Show();
    n.Show();
    return 0;
}
```

无输入。

输出

```
钱币文字=开元通宝
材质=银
直径=2.6 厘米
方孔边长=0.3 厘米
```

重量=5.13 克
钱币文字=五铢
材质=铜
直径=2.5 厘米
方孔边长=0.2 厘米
重量=3.5 克

题 8.3　人事管理类的设计与实现(类组合)。要求在 Date 类基础上采用类组合的思想,设计一个人事管理类并测试之,该类包括编号、性别、出生日期(是一个日期类的对象)、姓名等。设计带参构造函数,能提供显示人员信息的函数。

前置代码:

```
#include <iostream>
#include <string>
using namespace std;
class Date                                  //日期类定义
{
private:
    int year,month,day;
public:
    Date(int y=0,int m=0,int d=0)           //带默认参数的构造函数,无参和有参合二为一
    {  year=y; month=m; day=d;  }
    void Show()
    {  cout<<year<<"-"<<month<<"-"<<day<<endl;  }
};
```

后置代码:

```
int main()
{   Person x(1,0,1980,12,31,"wangming"); //定义一个雇员对象,带参数
    x.Show();                  //输出雇员信息,注意该 Show 函数中调用日期对象的 Show 函数
    return 0;
}
```

无输入。

输出

```
1,female
1980-12-31
wangming
```

题 8.4　圆柱类设计(类组合)。要求在 Circle 类基础上采用类组合的思想,设计一个圆柱类,包括相关数据成员和成员函数,输出它们的面积和体积。

前置代码:

```
#include <iostream>
```

```
using namespace std;
class Circle                                        //圆类
{
private:
    double r;
public:
    Circle(double a=0.0)
    {  r=a;  }
    double getArea()                                //返回圆面积
    {
        return 3.1415926 * r * r;
    }
    double getPerimeter()                           //返回圆周长
    {
        return 2 * 3.1415926 * r;
    }
};
```

后置代码：

```
int main()
{   Column column(12,10);
    cout<<"圆柱的面积:"<<column.getCubarea()<<endl;
    cout<<"圆柱的体积:"<<column.getCubage()<<endl;
    return 0;
}
```

无输入。

输出

```
圆柱的面积:1658.76
圆柱的体积:4523.89
```

题 8.5　线段类的设计与实现(类的继承 1)。定义两个类：线段类和点类，线段类是点类的子类，点类是线段类的父类，二者是继承关系。线段类包括两个点。成员函数能显示该线段的起点坐标、终点坐标以及线段的长度。两个点坐标从键盘输入，线段长度通过公式计算。

注意分析构造函数调用顺序。

注意题 8.1 与题 8.5、题 8.6 的区别，题 8.5 中 Point 类数据成员 x、y 是私有访问权限。

前置代码：

```
#include <iostream>
#include <cmath>
using namespace std;
class Point                                         //点类定义
```

```
{
private:
    double x,y;                //点坐标
public:
    Point(double i,double j)//带参数值的构造函数
    {   x=i;y=j;
        cout<<"Point 类的带参构造函数被调用"<<endl;
    }
    Point()                    //无参构造函数
    {   x=0;y=0;
        cout<<"Point 类的无参构造函数被调用"<<endl;
    }
    double getx()
    {  return x;  }
    double gety()
    {  return y;  }
    void Show()
    {  cout<<"("<<x<<","<<y<<")"<<endl;  }
};
```

后置代码：

```
int main()
{   double x1,y1,x2,y2;
    cin>>x1>>y1>>x2>>y2;  //从键盘输入两个点的坐标值
    Line xd(x1,y1,x2,y2);  //定义一个线段对象,带 4 个参数
    xd.Show();             //输出线段信息,注意该 Show 函数中调用点对象的 Show 函数
    return 0;
}
```

输入

```
3 3 -2 7
```

输出

```
Point 类的带参构造函数被调用
Line 类的带参构造函数被调用
start=(3,3)
end=(-2,7)
length=6.40312
```

题 8.6　线段类的设计与实现(类的继承 2)。定义两个类：线段类和点类,线段类是点类的子类,点类是线段类的父类,二者是继承关系。线段类包括两个点。成员函数能显示该线段的起点坐标、终点坐标以及线段的长度。两个点坐标从键盘输入,线段长度通过公式计算。

注意分析构造函数调用顺序。

注意题8.1与题8.5、题8.6的区别，题8.6中Point类数据成员是保护访问权限。

```
前置代码:
#include <iostream>
#include <cmath>
using namespace std;
class Point                    //点类定义
{
protected:
    double x,y;                //点坐标
public:
    Point(double i,double j)//带参数值的构造函数
    {   x=i;y=j;
        cout<<"Point类的带参构造函数被调用"<<endl;
    }
    Point()                    //无参构造函数
    {   x=0;y=0;
        cout<<"Point类的无参构造函数被调用"<<endl;
    }
    void Show()
    {  cout<<"("<<x<<","<<y<<")"<<endl;  }
};
```

```
后置代码:
int main()
{   double x1,y1,x2,y2;
    cin>>x1>>y1>>x2>>y2;   //从键盘输入两个点的坐标值
    Line xd(x1,y1,x2,y2);    //定义一个线段对象,带4个参数
    xd.Show();               //输出线段信息,注意该Show函数中调用点对象的Show函数
    return 0;
}
```

输入

```
3 3 -2 7
```

输出

```
Point类的带参构造函数被调用
Line类的带参构造函数被调用
start=(3,3)
end=(-2,7)
length=6.40312
```

题8.7 圆柱类设计(单继承)。设计一个圆柱类(其父类是圆类)，设计成员函数输出圆柱的底面积和体积。

注意题 8.7 与题 5.5、题 8.4 区别。

前置代码：

```
#include <iostream>
using namespace std;
class Circle                                          //圆类
{
protected:
    double r;
public:
    Circle(double a=0.0)
    {  r =a;  }
    double getArea()                                  //返回圆面积
    {  return 3.1415926 * r * r;  }
    double getPerimeter()                             //返回圆周长
    {  return 2 * 3.1415926 * r;  }
};
```

后置代码：

```
int main()
{  Column column(12,10);
    cout<<"圆柱的底面积:"<<column.getCubarea()<<endl;
    cout<<"圆柱的体积:"<<column.getCubage()<<endl;
    return 0;
}
```

无输入。

输出

```
圆柱的底面积:1658.76
圆柱的体积:4523.89
```

题 8.8 模拟智能电表。电表的主要功能是计量电能的消耗。已有电表类 Ammeter，其数据成员包括当前度数 reading、电费单价 price，成员函数有构造函数、显示信息的 print 函数以及计电流量的 setReading 函数。

智能预付费的电表是一种常见的电表，必须在其中预存一定的金额后才能合闸供电。用电时，一边计量电能消耗一边从剩余值中扣减已用的金额，扣完则断电。要求从 Ammeter 类派生出智能电表类 Smartmeter，该类新增数据成员有预付款 prepaid、剩余款 balance，新增成员函数有构造函数、存入预付款的函数 setPrepaid、计算剩余款的 CalcCharge 函数、重写显示信息的 print 函数。其中 CalcCharge 函数在每耗电一度时被调用一次来计算剩余款。

编写程序测试智能电表的功能，已知电费单价为每度电 0.48 元。

前置代码：

```
#include <iostream>
using namespace std;
class Ammeter
{
public:
    Ammeter(double r =0);
    void print();
    void setReading(double amount);                  //计电流量
protected:
    double reading;                                  //电表度数
    static double price;                             //电费单价,静态成员
};
double Ammeter::price =0.48;
Ammeter::Ammeter(double r)
{  setReading(r);  }
void Ammeter::setReading(double amount)
{   reading = (amount >0 ?amount : 0);               //确保读入的度数非负
}
void Ammeter::print()
{  cout <<"用电度数:" <<reading <<",单价:" <<price;  }
```

后置代码：

```
int main()
{   Smartmeter meter;                                //电表底度为 0 度
    int val=1;
    double balance,x;
    cin>>x;                                          //输入预付电费,x 不能小于 0
    meter.setPrepaid(x);                             //预付电费
    meter.print();
    do
    {   meter.setReading(val++);                     //用电量增加 1 度
        balance =meter.CalcCharge();                 //计费一次
        meter.print();
    }while(balance >=1e-6);                          //扣完就断电
    return 0;
}
```

输入

```
1
```

输出

```
用电度数:0,单价:0.48,预付款:1,剩余款:1
用电度数:1,单价:0.48,预付款:1,剩余款:0.52
```

```
用电度数:2,单价:0.48,预付款:1,剩余款:0.04
用电度数:3,单价:0.48,预付款:1,剩余款:-0.44
```

*题 8.9　判断点与圆的位置关系。设计一个圆类(其父类是点类)。从键盘输入某点坐标、圆心坐标以及圆的半径,例如,输入 3 3 6 6 3,表示某点坐标为(3,3),圆心坐标为(6,6),半径为 3,要求输出某个点与圆心的距离以及与圆的位置关系。

设某个点与圆心的距离为 d,圆的半径为 r,则点与圆的位置关系如下：

- d>r,点在圆外。
- d<r,点在圆内。
- d=r,点在圆上。

输入

```
3 3 6 6 3
```

输出

```
点(3,3)与圆[点(6,6),3]的距离=4.24264,位置关系:点在圆外
```

输入

```
1 1 0 0 3
```

输出

```
点(1,1)与圆[点(0,0),3]的距离=1.41421,位置关系:点在圆内
```

输入

```
3 0 3 3 3
```

输出

```
点(3,0)与圆[点(3,3),3]的距离=3,位置关系:点在圆上
```

题 8.10　判断两个圆间的位置关系。设计一个圆类(其父类是点类)。两个圆的圆心和半径从键盘输入,例如,输入 0 0 3 5 6 2,表示第一个圆的圆心为(0,0),半径为 3,第二个圆的圆心为(5,6),半径为 2。要求判断两个圆间的位置关系。圆和圆的位置关系由圆心距与两半径的长度来确定,圆心距用 d 来表示,两圆的半径分别用 r、R 来表示。两圆关系有 5 种,如下：

- 当 d>R+r 时,外离。
- 当 d=R+r 时,外切。
- 当 R−r<d<R+r 时,相交。
- 当 d=R−r 时,内切。
- 当 0≤d<R−r 时,内含。

输入

```
0 0 3 5 6 2
```

输出

```
圆[点(0,0),3]与圆[点(5,6),2]的圆心距离=7.81025,位置关系:两圆外离
```

题 8.11 狗类的设计与实现(单继承中同名覆盖)。设有一个 Mammal 类,有数据成员 itsAge 和 itsWeight,公有派生出 Dog 类,增加了数据成员 itsColor,这两个类都定义了 Speak 函数输出其语言。请补充 Dog 类的定义,并分析输出为什么是这样的结果。

前置代码:

```
#include <iostream>
using namespace std;
enum MyColor{BLACK, WHITE};                              //枚举类型
class Mammal
{
public:
    Mammal(int age, int weight):itsAge(age),itsWeight(weight){}
    int GetAge(){  return itsAge;  }
    int GetWeight(){  return itsWeight;  }
    void Speak(){  cout<<"Mammal language!"<<endl;  }
protected:
    int itsAge;                                          //年龄
    int itsWeight;                                       //体重
};
```

后置代码:

```
int main()
{   Dog dog(25,50,WHITE);                                //最后一个参数是枚举类型
    cout<<"Dog age ="<<dog.GetAge()<<endl;
    cout<<"Dog weight ="<<dog.GetWeight()<<endl;
    cout<<"Dog color ="<<dog.GetColor()<<endl;
    dog.Speak();
    return 0;
};
```

无输入。

输出

```
Dog age =25
Dog weight =50
Dog color =1
Dog language!
```

题 8.12 看程序写结果(单继承)。注意派生类构造函数的用法。

```
#include <iostream>
using namespace std;
class A
{
```

```
    int a;                                      //默认访问权限是私有
public:
    A()
    {   a=0;   }
    A(int i)
    {   a=i;   }
    void print()
    {   cout<<a<<",";   }
};
class B: public A
{
public:
    B()   {   b1=b2=0;   }                      //隐式调用基类 A 的默认构造函数
    B(int i)   {   b1=0;   b2=i;   }            //隐式调用 A 的默认构造函数
    B(int i,int j,int k):A(i),b1(j),b2(k)
    {   }                                       //显式调用基类 A 的带参构造函数
    void print()
    {
        A::print();
        cout<<b1<<","<<b2<<endl;
    }
private:
    int b1,b2;
};
int main()
{   B b1;
    B b2(5);
    B b3(1,2,3);
    b1.print();
    b2.print();
    b3.print();
    return 0;
}
```

第 9 章 继承的应用

9.1 单继承用法回顾

[例 9.1] 分析下面的单继承程序的访问权限并改错。

```
//L9_1.cpp
#include <iostream>
using namespace std;
class A
{
public:
    void f(int i)
    {  cout<<i<<endl;  }
    void g()
    {  cout<<"A\n";  }
};
class B:private A
{
public:
    void h()
    {  cout<<"B\n";  }
    A::f;
};
int main()
{   B b;
    b.f(10);
    b.g();
    b.h();
    return 0;
}
```

例 9.1 程序中 A::f;的含义是将类 A 中的公有成员 f 从私有继承方式的派生类 B 中声明为公有的,B 的派生类对象可以访问成员 f。因此在 main 中,语句 b.f(10);是正确的。该语句称为访问声明,它是私有继承方式中的一种调用机制,即在私有继承方式下用于恢复名字的访问权限。

例 9.1 中,A 类的公有成员 g 根据私有继承方式,在 B 类中访问权限变为私有,因此在

main 函数中 b.g();的语句是错误的。而 B 类新增的成员 h 访问权限是公有的,因此在 main 函数中 b.h();语句是正确的。

例 9.1 程序改错方法：方法 1 是参考 f 成员的方法,在 B 类中 public 区域中添加 A::g;声明为公有。方法 2 是将继承方式改为公有继承。

[**例 9.2**] 分析下面的单继承程序的访问权限并改错。

```
//L9_2.cpp
#include <iostream>
#include <cstring>
using namespace std;
class A
{
public:
    A(const char * name1)
    {  strcpy(name,name1);  }
private:
    char name[80];
};
class B: protected A
{
public:
    B(const char * nm):A(nm)
    {  }
    void print() const
    {  cout<<"name:" <<name<<endl;  }
};
int main()
{   B b("Liming");
    b.print();
    return 0;
}
```

例 9.2 中,A 类的私有成员 name 根据保护继承方式,在 B 类中访问权限仍然是私有,因此在 B 类 print 函数中直接访问 name 是错误的。

例 9.2 程序改错方法：将 A 类的 name 成员的权限改为保护即可。

9.2 基于项目的多文件管理

在 5.1 节,已经介绍了基于项目的多文件管理。

(1) 将类的设计与类的使用分离,即类定义与 main 函数不在一个文件中。

(2) 将类的声明和类的成员函数实现分离,即类定义与成员函数定义不在一个文件中。

这么做的好处是便于分工合作,便于软件的维护。

[**例 9.3**] 设计一个狗类,要求从哺乳动物类派生,并采用项目的多文件管理方式。

狗(派生类)从哺乳动物(基类)派生的过程如下：

(1) 吸收基类成员。继承后,派生类继承基类除了构造函数和析构函数之外的成员。本例中 Dog 类继承了基类的 Mammal 类中的 GetAge、GetWeight、SetAge、SetWeight、Speak、itsAge、itsWeight;

(2) 改造基类成员。当派生类的同名属性和行为具有和基类不同的特征时,就要在派生类中重新声明或者定义,赋予新的含义,从而完成对基类成员的改造,这样就隐藏了基类中的同名成员(同名重写/覆盖规则)。本例中对 Dog 类与 Speak 函数进行改造,因为并不是所有动物都有共同语言。

(3) 添加新成员。派生类中添加新成员使得派生类在功能上有所扩展。本例中 Dog 类添加了新的类成员 itsColor、GetColor、SetColor,从而实现了派生类 Dog 在功能上的扩展。

```
//Ammal.h
#include <iostream>
using namespace std;
enum MyColor{BLACK, WHITE};
class Mammal
{
public:
    Mammal();
    ~Mammal();
    Mammal(int age, int weight):itsAge(age),itsWeight(weight){}
    int GetAge(){  return itsAge;  }
    int GetWeight(){  return itsWeight;  }
    void SetAge(int age){  itsAge =age;  }
    void SetWeight(int weight){  itsWeight =weight;  }
    void Speak(){  cout<<"Mammal language!"<<endl;  }
protected:
    int itsAge;                  //年龄
    int itsWeight;               //体重
};

//Ammal.cpp
#include "Mammal.h"
Mammal::Mammal()
{
}
Mammal::~Mammal()
{
}

//Dog.h
#include "mammal.h"
class Dog : public Mammal
{
public:
```

```
        Dog();
        ~Dog();
        MyColor GetColor(){  return itsColor;  }
        void SetColor(MyColor color){  itsColor =color;  }
        void Speak(){  cout<<"Dog language!"<<endl;  }
    protected:
        MyColor itsColor;
    };

    //Dog.cpp
    #include "Dog.h"
    Dog::Dog()
    {
    }
    Dog::~Dog()
    {
    }

    //main.cpp
    #include "Dog.h"
    int main()
    {   Dog dog;
        dog.SetAge(25);
        dog.SetWeight(50);
        dog.SetColor(WHITE);
        cout<<"Ddog age ="<<dog.GetAge()<<endl;
        cout<<"Dog weight ="<<dog.GetWeight()<<endl;
        cout<<"Dog color ="<<dog.GetColor()<<endl;
        dog.Speak();
        return 0;
    };
```

输出

```
Ddog age =25
Dog weight =50
Dog color =1
Dog language!
```

例 9.3 中涉及同名覆盖规则，基类 Mammal 中有 Speek 函数，Dog 类中重写了同名的 Speak 函数。根据同名覆盖规则，main 函数中的 dog 对象调用 Dog 类重写的 Speak 函数。

在继承中的基于项目的多文件管理步骤：以 9.3 为例，在 Dev-Cpp 中选择“文件”→New File(新建项目)命令，将弹出“新项目”对话框，项目文件的扩展名是 dev，项目类型是控制台形式，项目语言是 C++ 项目，项目名称是 L9.3，带一个 main.cpp 文件，其内容是 main 函数。注意将新建的项目文件保存到一个新建的子目录。

在 L9.3 项目中为 Mammal 类创建两个文件(Ammal.h 和 Ammal.cpp)，为 Dog 类创

建两个文件(Dog. h 和 Dog. cpp)。

(1) 手动添加代码。在 Dev-Cpp 左侧项目管理面板的项目名 L9.3 上右击,在快捷菜单中选择 New File 命令,添加两个新文件,如图 9.1 所示。

将新建的 4 个文件保存到与项目文件相同的子目录下,分别命名为 Ammal. h、Ammal. cpp、Dog. h 和 Dog. cpp,最后将例 9.3 有关代码复制到对应文件中即可。

(2) 系统自动加了框架代码。在 Dev-Cpp 左侧查看类面板中右击,新建一个 Mammal 类,如图 9.2 所示。或者在“文件”菜单中选择“新建”→“新建一个类”命令。

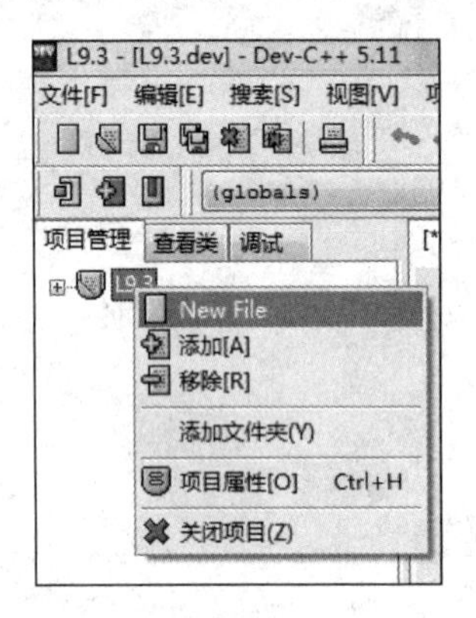

图 9.1 新建两个文件

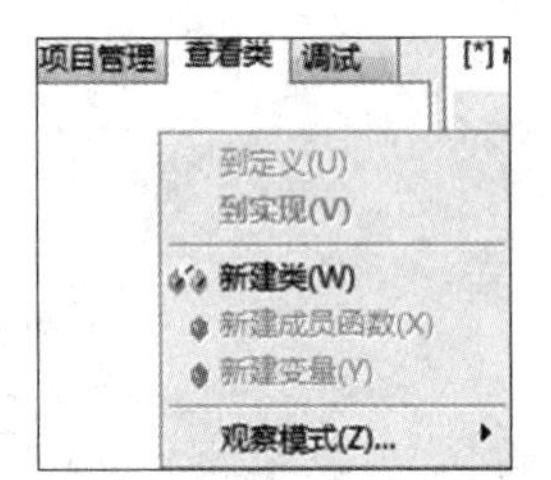

图 9.2 新建一个类

系统将弹出如图 9.3 所示的对话框。

在图 9.3 中输入类名 Mammal,可以勾选“创建构造函数”和“创建析构函数”复选框,然后可以选择输入构造函数的参数,当然不输入也可以。单击更改按钮“…”可以改文件名,如果不改,则使用默认文件名 Mammal. cpp 及 Mammal. h。单击“创建”按钮之后,可以在 Dev-Cpp 的左侧“项目管理”面板看到系统自动创建了两个文件 Mammal. cpp 及 Mammal. h,如图 9.4 所示。

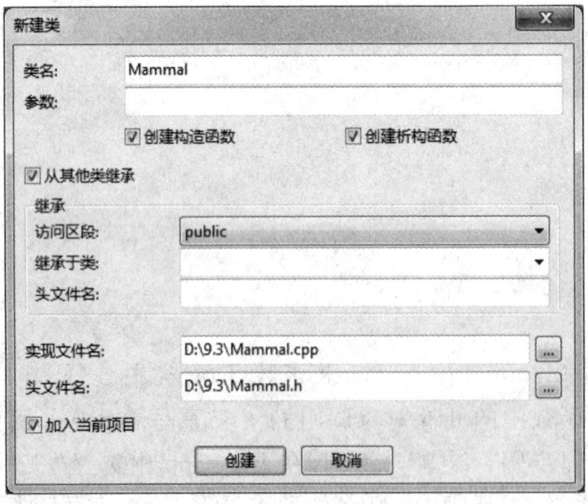

图 9.3 新建 Mammal 类

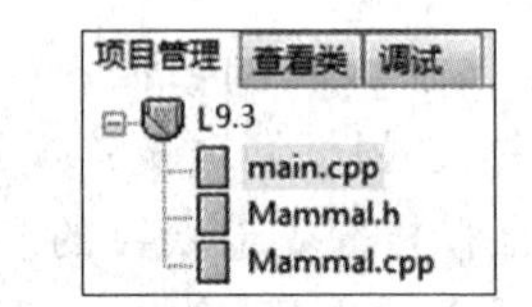

图 9.4 项目 L9.3 管理的文件

在 Dev-Cpp 左侧“查看类”面板中右击,新建一个 Dog 类。然后系统将弹出如图 9.5 所示的对话框。

在图 9.5 中输入类名 Dog，可以勾选“创建构造函数”和“创建析构函数”复选框，然后可以选择输入构造函数的参数，当然不输入也可以。勾选“从其他类继承”复选框，在访问区段选择继承方式是公有继承，在继承于类中输入基类名 Mammal，系统自动补充头文件名。单击更改按钮“…”可以改文件名，如果不改，则使用默认文件名 Dog.cpp 及 Dog.h。单击“创建”按钮之后，可以在 Dev-Cpp 的左侧“项目管理”面板看到系统自动创建了两个文件 Dog.cpp 及 dog.h，如图 9.6 所示。

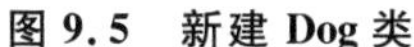
图 9.5　新建 Dog 类

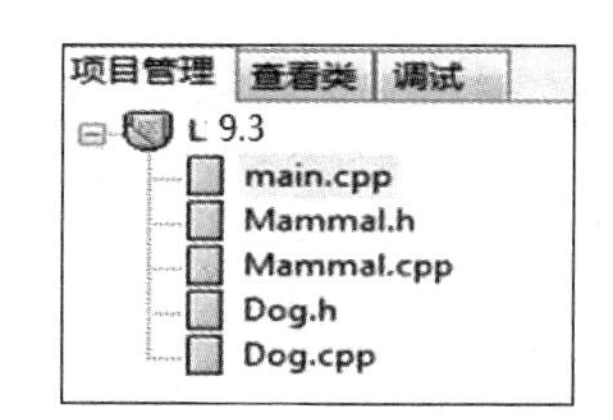

图 9.6　项目 L9.3 管理的文件

最后将例 9.3 有关代码复制到对应文件中即可。注意将这两个类对应的 4 个文件保存到与项目文件相同的子目录下。

对于大型复杂程序一般采用基于项目的多文件管理，也就是说一个项目由多个文件构成。

9.3　赋值兼容规则

所谓赋值兼容规则（向上转型）是指一个公有派生类的对象在使用上可以被当作基类的对象，反之则禁止。具体表现在：

(1) 派生类的对象可以被赋值给基类对象。

(2) 派生类的对象可以初始化基类的引用。

(3) 指向基类的指针也可以指向派生类，即一个公有派生类对象的指针值可以赋值给（或初始化）一个基类指针。

利用这样的指针或引用，只能访问派生类对象中从基类继承过来的成员，无法访问派生类的自有成员。这又称为里氏代换原则。子类的对象可以赋值给父类，也就是子类对象可以向上转型为父类类型。向上转型是安全的。

★注意：在 C++ 中，这与 Java 不同，Java 系统会自动调用子类中的方法。因为 Java 中默认是虚函数，动态绑定机制能识别出对象转型前的类型。而 C++ 中虚函数必须加 virtual。所以 Java 中没有赋值兼容规则。

★注意：派生类的复制构造函数如果要重新定义，其参数只有一个，即派生类对象引用，根据赋值兼容规则，派生类的对象可以用来初始化基类的复制构造函数的基类对象引用，例如本章课后习题 9.7 中的 TDpoint(TDpoint &r)：Point(r)；//复制构造函数。

［**例 9.4**］ 赋值兼容示例，要求用类的公有继承方法输出圆的信息，包括半径和圆心。

```
//L9_4.cpp
#include <iostream>
using namespace std;
class Point
{
protected:
    double x,y;
public:
    Point(double a=0,double b=0)
    {  x=a;y=b;  }
    void Show()
    {  cout<<x<<","<<y<<endl;  }
};
class Circle:public Point
{
public:
    Circle(double a=0,double b=0,double c=0):Point(a,b)
    {  r=c;  }
    void Show();
private:
    double r;
};
void Circle::Show()
{   cout<<"半径="<<r<<endl<<"圆心=";
    cout<<x<<","<<y<<endl;                          //等价于 p.Show();
}
int main()
{   Circle c1(100,100,10);                          //定义派生类对象
    Point p1=c1, * p2=&c1,&p3=c1;                   //基类对象、对象指针和对象引用
    p1.Show();
    p2->Show();
    p3.Show();
    return 0;
}
```

输出

```
100,100
100,100
100,100
```

例 9.4 中涉及赋值兼容规则，基类 Mammal 的对象、对象指针以及对象引用可以用派生类的对象 c1 按语法规则进行相应赋值，但是只能访问从基类继承的成员函数 Show，所有输出结果相同。本章的课后习题 9.2 和题 9.3 的运行结果相同也正是因为赋值兼容规则。

注意：赋值兼容规则不同于虚函数实现动态多态性(通过基类指针或引用，执行时会根据指针指向的对象的类，决定调用哪个函数)。因此例 9.4 中的运行结果不包括半径 r 的信息，因为基类指针或引用不能访问派生类新增的成员。

9.4　组合与继承的比较

在 UML 的类关系中，包含"has-a"关系用组合来表达，属于"is-a"关系用继承来表达。

在更多的时候，组合关系比继承更能使系统具有高度的灵活性和可维护性，并且提高系统的可重用性。例如，已经有 Person 类，如果要新建 Dog 类，Dog 类有一个成员是狗主人信息，请问此题用继承还是组合？虽然两种方法从语法角度都可以，但是组合更合乎情理。

许多时候都要求将组合与继承两种技术结合起来使用，创建一个更复杂的类。例 9.5 圆类设计就用到了组合与继承两种技术的结合，具体的代码实现即本章的课后习题 9.9。另外本章课后习题中的题 9.10 的矩形类设计也用到了组合与继承两种技术的结合。

[**例 9.5**]　组合与继承技术结合示例。

设有一个 Point 类，有数据成员 x 和 y。另有一个 Color 类，有数据成员 a。

要求从 Point 类公有派生出 Circle 类，增加了数据成员 r 和颜色对象 p，这 3 个类都定义了 Show 函数输出其数据信息。要求 Circle 类的定义采用组合与继承技术结合。

```
//L9_5.cpp
#include <iostream>
using namespace std;
enum MyColor{BLACK, WHITE,RED,YELLOW,GREEN};
class Point
{
protected:
    double x,y;
public:
    Point(double a,double b)
    {   x=a;y=b;
        cout<<"调用 Point 类带参构造函数"<<endl;
    }
    Point()
    {   x=0;y=0;
        cout<<"调用 Point 类无参构造函数"<<endl;
    }
    void Show()
    {  cout<<x<<","<<y;  }
};
class Color
```

```
{
protected:
    MyColor a;
public:
    Color(MyColor b)
    {   a=b;
        cout<<"调用 Color 类带参构造函数"<<endl;
    }
    Color()
    {   a=BLACK;
        cout<<"调用 Color 类无参构造函数"<<endl;
    }
    Color(Color &r)
    {   a=r.a;
        cout<<"调用 Color 类复制构造函数"<<endl;
    }
    void Show()
    {   cout<<"颜色=";
        switch (a)
        {   case 0:cout<<"BLACK"<<endl;break;
            case 1:cout<<"WHITE"<<endl;break;
            case 2:cout<<"RED"<<endl;break;
            case 3:cout<<"YELLOW"<<endl;break;
            case 4:cout<<"GREEN"<<endl;break;
            default:cout<<"QITA"<<endl;
        }
    }
};
class Circle:public Point
{
public:
    Circle(double a,double b,double c,Color &d):Point(a,b),p(d)
    {   r=c;   }
    void Show();
private:
    double r;
    Color p;
};
void Circle::Show()
{   cout<<"半径="<<r<<endl<<"圆心=("<<x<<","<<y<<")"<<endl;
    p.Show();
}
int main()
{   Color b(RED);
    Circle c1(100,100,10,b);                          //定义圆对象
```

```
    c1.Show();                                  //调用成员函数
    return 0;
}
```

输出

```
调用 Color 类带参构造函数
调用 Point 类带参构造函数
调用 Color 类复制构造函数
半径=10
圆心=(100,100)
颜色=RED
```

在 8.3.3 节派生类构造函数定义时说过，派生类有组合和继承结合时，先调用基类构造函数，再调用组合对象的构造函数，最后调用派生类的构造函数。

9.5　基类的成员函数在派生类中重载

在第 7 章介绍函数重载时，提及成员函数重载有 3 种方式：在一个类中重载；在不同类中重载；基类的成员函数在派生类中重载。

[**例 9.6**]　基类的成员函数在派生类中重载示例 1。

```
//L9_6.cpp
#include <iostream>
using namespace std;
class A
{   int a;
public:
    void fn()
    {   a=0;
        cout<<"A::"<<a<<endl;
    }
    void fn(int a)
    {   this->a=a;
        cout<<"A::"<<a<<endl;
    }
};
class B : public A
{
    int b;
};
int main()
{   B b;
    b.fn(3);
    b.fn();
    return 0;
```

```
}
```

输出

```
A::3
A::0
```

例 9.6 中,由于 B 类没有对 fn 函数进行同名覆盖,因此运行结果很容易分析,fn 函数都来自 A 类继承,根据参数不同进行区分即可知道调用的是哪个成员函数。

当派生类写一个和基类同名(无论参数列表相同或不相同)的函数时,此时发生的动作叫"覆盖"。覆盖的意思就是基类的同名函数在派生类内将变得无法直接调用(但可以间接调用),如例 9.7 所示。

[**例 9.7**] 基类的成员函数在派生类中重载示例 2。

```
//L9_7.cpp
#include <iostream>
using namespace std;
class A
{   int a;
public:
    void fn()
    {  cout<<"A::0"<<endl;  }
    void fn(int a)
    {  this->a=a;
    cout<<"A::"<<a<<endl;  }
};
class B : public A
{
public:
    void fn(int a)                                    //同名覆盖
    {  cout<<"B::"<<a<<endl;  }
};
int main()
{   B b;
    b.fn(3);
    b.fn();
    return 0;
}
```

例 9.7 中 b.fn();语句显示有错误,错误信息是"no matching function for call to 'B::fn()'",这是因为 B 类对 fn 函数进行了同名覆盖,这就复杂了。

[**例 9.8**] 对例 9.7 进行修改。

```
//L9_8
#include <iostream>
using namespace std;
class A
```

```
{   int a;
public:
    void fn()
    {  cout<<"A::0"<<endl;  }
    void fn(int a)
    {  this->a=a; cout<<"A::"<<a<<endl;  }
};
class B : public A
{
public:
    void fn(int a)                              //同名覆盖
    {  cout<<"B::"<<a<<endl;  }
    void fn()                                   //同名覆盖
    {  A::fn();                                 //用"类名::,"调用隐藏的 A 类函数
    }
};
int main()
{   B b;
    b.fn(3);                                    //同名覆盖,调用 B 类重写的函数
    b.A::fn(3);                                 //用"类名::,"调用隐藏的 A 类函数
    b.fn();                                     //同名覆盖,间接调用隐藏的 A 类函数
    return 0;
}
```

输出

```
B::3
A::3
A::0
```

例 9.8 修改了例 9.7 的代码，当派生类 B 写一个和基类 A 同名(无论参数列表相同或不相同)的函数时，此时发生的动作叫“覆盖”。覆盖的意思就是基类的同名函数在派生类内将变得无法直接调用(但可以间接调用)。因此要访问 A 的重载函数，一种方式是直接用“基类名::函数”，可以调用隐藏的基类函数，例如 b.A::fn(3);。还有一种方法是间接调用，在派生类中再写一个同名函数，用“基类名::函数”间接调用，例如 b.fn();。

9.6　课堂练习

根据下面的代码回答问题。

```
#include <iostream>
using namespace std;
class A
{
protected:
    string s;
```

```
public:
    A(const string &x)
    {  s=x;  }
    void Show()
    {  cout<<"I like :"<<s<<endl;  }
};
class B : public A
{
protected:
    string s;
public:
    B(const string &x,const string &y):A(x)
    {  s=y;  }
    void Show()
    {  cout<<"I like :"<<A::s<<" and "<<s<<endl;  }
};
int main()
{   A a("C");
    a.Show();
    B b("C++","Java");
    b.Show();
    a=b;
    a.Show();
    return 0;
}
```

(1) 运行结果是多少?

(2) 类 A 和类 B 是什么关系?

(3) 类 A 和类 B 都定义了 s 和 Show,这种现象称为什么?

(4) main 函数中有 a=b;语句,这种现象称为什么?

9.7 课后习题

本章涉及继承中同名覆盖和赋值兼容规则,侧重单继承。

题 9.1 看程序写结果(单继承的构造函数与析构函数)。注意继承中的构造函数与析构函数用法。基于项目的多文件管理形式,每个文件中的代码如下:

```
//Destructor.h
#include<iostream>
using namespace std;
class AA
{
public:
    AA(){  cout<<"AA ";  }
    ~AA(){  cout<<"~AA ";  }
};
```

```
class BB: public AA
{
public:
    BB(){  cout<<"BB ";  }
    ~BB(){  cout<<"~BB ";  }
};
class CC: public BB
{
public:
    CC(){  cout<<"CC ";  }
    ~CC(){  cout<<"~CC ";  }
};

//t9.1.cpp
#include"Destructor.h"
int main(){
    CC *p=new CC;
    delete p;
    cout<<endl;
    return 0;
}
```

题 9.2　看程序写结果(赋值兼容)。

注意：此题与题 9.3 的结果有何不同？为什么？

```
#include <iostream>
using namespace std;
class CPerson
{
public:
    void set(char *p,int x,int y)
    {  strcpy(name,p); num=x; sex=y;  }
    void out();
private:
    char name[8];
    int num,sex;
};
void CPerson::out()
{   cout<<"name:"<<name<<",num:"<<num;
    if(sex==0) cout<<",sex:男"<<endl;
    else       cout<<",sex:女"<<endl;
}
class CStudent:public CPerson
{
```

```
public:
    void addscore(float x)
    {  score=x;  }
    void out()
    {  CPerson::out();
       cout<<"score:"<<score<<endl;
    }
private:
    float score;
};
int main()
{  CStudent s1; CPerson s;
   s1.set("wu",1,0);
   s1.addscore(95.5f);
   s=s1;
   s.out();
   return 0;
}
```

题 9.3 看程序写结果(赋值兼容)。

注意:此题与题 9.2 的结果有何不同?为什么?

```
#include <iostream>
using namespace std;
class CPerson
{
public:
    void set(char *p,int x,int y)
    {  strcpy(name,p); num=x; sex=y;  }
    void out();
private:
    char name[8];
    int num,sex;
};
void CPerson::out()
{  cout<<"name:"<<name<<",num:"<<num;
   if(sex==0) cout<<",sex:男"<<endl;
   else       cout<<",sex:女"<<endl;
}
class CStudent:public CPerson
{
public:
    void addscore(float x)
    {  score=x;  }
```

```
    void out()
    {   CPerson::out();
        cout<<"score:"<<score<<endl;
    }
private:
    float score;
};
int main()
{   CStudent s1; CPerson * s;
    s1.set("wu",1,0);
    s1.addscore(95.5f);
    s=&s1;
    s->out();
    return 0;
}
```

题 9.4　看程序写结果(赋值兼容)。基于项目的多文件管理形式,每个文件中的代码如下:

```
//Destructor.h
#include<iostream>
using namespace std;
class B0                                                        //基类 B0 声明
{
public:
    void display(){  cout<<"B0::display()"<<endl;  }    //公有成员函数
};
class B1: public B0
{
public:
    void display(){  cout<<"B1::display()"<<endl;  }
};
class D1: public B1
{
public:
    void display(){  cout<<"D1::display()"<<endl;  }
};
void fun(B0 * ptr)
{  ptr->display();//"对象指针->成员名"  }

//t9.4.cpp
#include "Destructor.h"
int main()
```

```
{   B0 b0;                               //声明 B0 类对象
    B1 b1;                               //声明 B1 类对象
    D1 d1;                               //声明 D1 类对象
    B0 *p;                               //声明 B0 类指针
    p=&b0;                               //B0 类指针指向 B0 类对象
    fun(p);
    p=&b1;                               //B0 类指针指向 B1 类对象,赋值兼容规则
    fun(p);
    p=&d1;                               //B0 类指针指向 D1 类对象,赋值兼容规则
    fun(p);
    return 0;
}
```

题 9.5 看程序写结果(多重继承中的同名覆盖)。基于项目的多文件管理形式,每个文件中的代码如下:

```
//"Destructor.h"
#include<iostream>
using namespace std;
class B1                                              //声明基类 B1
{
public:                                               //外部接口
    int nV;
    void fun(){  cout<<"Member of B1"<<endl;  }
};
class B2: public B1                                   //声明派生类 B2
{
public:                                               //外部接口
    int nV;
    void fun(){  cout<<"Member of B2"<<endl;  }
};
class D1: public B2                                   //声明派生类 D1
{
public:
    int nV;                                           //同名数据成员
    void fun(){  cout<<"Member of D1"<<endl;  }       //同名函数成员
};

//t9.5.cpp
#include "Destructor.h"
int main()
{   D1 d1;
    d1.nV=1;                         //对象名.成员名标识, 访问 D1 类成员,同名覆盖
    d1.fun();
```

```
    d1.B1::nV=2;                          //作用域分辨符标识,访问基类 B1 成员
    d1.B1::fun();
    d1.B2::nV=3;                          //作用域分辨符标识,访问基类 B2 成员
    d1.B2::fun();
}
```

题 9.6　书类设计与实现(单继承中同名覆盖和赋值兼容)。设有一个 Document 类,有数据成员 name,从 Document 类派生出 Book 类,增加了数据成员 PageCount,这两个类都定义了 Show 函数输出其数据成员。请补充这两个类的定义,并分析用例输出为什么是这样的运行结果。

前置代码:

```
#include <iostream>
using namespace std;
class Document
{
protected:
    string name;
public:
    Document(const string &p)
    {  name=p;  }
    void Show()
    {  cout<<name<<endl;  }
};
```

后置代码:

```
int main()
{   Document a("Document1");
    Book b("Book1",100);
    a.Show();
    b.Show();
    a=b;
    a.Show();
    return 0;
}
```

无输入。

输出

```
Document1
Book1,100
Book1
```

题 9.7　三维点类设计与实现(单继承的复制构造函数)

设 Point 类数据有 x、y 点坐标，三维点类 TDpoint 是 Point 类的子类，新增 z 点坐标，Distance(TDPoint &p)函数计算当前点坐标与给定点的距离。注意各种构造函数用法。

提示：设有两个三维点 A(x1,y1,z1)，B(x2,y2,z2)，则 A、B 之间的距离为 $d=\sqrt{(x1-x2)^2+(y1-y2)^2+(z1-z2)^2}$。

前置代码：

```
#include <iostream>
#include <cmath>
using namespace std;
class Point                                          //点类定义
{
protected:
    double x,y;                                      //点坐标
public:
    Point(double i,double j)                         //带参数值的构造函数
    {   x=i;y=j;
        cout<<"Point类的带参构造函数被调用"<<endl;
    }
    Point()                                          //无参构造函数
    {   x=0;y=0;
        cout<<"Point类的无参构造函数被调用"<<endl;
    }
    Point(Point &r)                                  //复制构造函数
    {   x=r.x; y=r.y;
        cout<<"Point类的复制构造函数被调用"<<endl;
    }
    void Show()
    {  cout<<"("<<x<<","<<y<<")"<<endl;  }
};
```

后置代码：

```
int main()
{   TDpoint p1,p2(30,20,10),p3(p2);
    cout<<p1.Distance(p2)<<endl;
    cout<<p1.Distance(p3)<<endl;
    return 0;
};
```

无输入。

输出

```
Point类的无参构造函数被调用
TDpoint类的无参构造函数被调用
Point类的带参构造函数被调用
TDpoint类的带参构造函数被调用
Point类的复制构造函数被调用
```

```
TDpoint 类的复制构造函数被调用
37.4166
37.4166
```

题 9.8　沙发类和床类设计与测试(多重继承中的赋值兼容)。设有家具类 Furniture,包含数据家具类型、家具材料和家具价格。要求设计沙发类 Sofa 和床类 Bed 都来自同一个基类 Furniture,Sofa 类新增了座位数,Bed 类新增了床的类型。定义一个普通函数 show 用于输出不同派生类对象的家具信息。注意多重继承中构造函数用法以及赋值兼容规则应用。

前置代码:

```
#include<iostream>
#include<string>
using namespace std;
class Furniture                                    //家具类
{
protected:
    string type;                                   //家具类型
    string mat;                                    //家具主材料
    double price;                                  //家具价格
public:
    Furniture(){};
    Furniture(const string &type, const string &mat, double price):
    type(type),mat (mat),price(price){}
    string getMaterial(){  return mat;  }
    double getPrice(){  return price;  }
    string getType(){  return type;  }
};
```

后置代码:

```
int main()
{   Sofa sofa1("沙发","木材",870.00,3);
    Bed bed1("床","铁",1280.00,"双人");
    show(sofa1);
    show(bed1);
    return 0;
}
```

无输入。

输出

```
家具类型:沙发,主材料:木材,价格:870
家具类型:床,主材料:铁,价格:1280
```

题 9.9　圆类的设计与实现(继承和组合)。设有一个 Point 类,有数据成员 x 和 y。另有一个 Color 类,有数据成员 a。要求从 Point 类公有派生出 Circle 类,增加了数据成员 r 和颜色对象 p,这 3 个类都定义了 Show 函数输出其数据信息。请补充 Circle 类的定义,并分析用例输出为什么是这样的运行结果。

前置代码:

```
#include <iostream>
using namespace std;
enum MyColor{BLACK, WHITE,RED,YELLOW,GREEN};
class Point
{
protected:
    double x,y;
public:
    Point(double a,double b)
    {   x=a;y=b;
        cout<<"调用 Point 类带参构造函数"<<endl;
    }
    Point()
    {   x=0;y=0;
        cout<<"调用 Point 类无参构造函数"<<endl;
    }
    void Show()
    {  cout<<x<<","<<y;  }
};
class Color
{
protected:
    MyColor a;
public:
    Color(MyColor b)
    {   a=b;
        cout<<"调用 Color 类带参构造函数"<<endl;
    }
    Color()
    {   a=BLACK;
        cout<<"调用 Color 类无参构造函数"<<endl;
    }
    Color(Color &r)
    {   a=r.a;
        cout<<"调用 Color 类复制构造函数"<<endl;
    }
    void Show()
    {   cout<<"颜色=";
        switch (a)
        {   case 0:cout<<"BLACK"<<endl;break;
            case 1:cout<<"WHITE"<<endl;break;
            case 2:cout<<"RED"<<endl;break;
            case 3:cout<<"YELLOW"<<endl;break;
            case 4:cout<<"GREEN"<<endl;break;
            default:cout<<"QITA"<<endl;
        }
    }
};
```

```
后置代码:
int main()
{   Color b(RED);
    Circle c1(100,100,10,b);                                    //定义圆对象
    c1.Show();                                                  //调用成员函数
    return 0;
}
```

无输入。

输出

```
调用 Color 类带参构造函数
调用 Point 类带参构造函数
调用 Color 类复制构造函数
半径=10
圆心=(100,100)
颜色=RED
```

***题 9.10** 矩形类的设计(继承与组合)。设线段类是矩形的基类(单继承用法),线段类有起点和终点坐标(两个点类对象,组合用法),有输出线段坐标、长度以及线段和 x 轴的夹角的成员函数。矩形类继承了线段类的两个坐标作为自己一条边,还新增了另外一条边(线段类对象,组合用法),main 函数中验证矩形类对象的功能,输出矩形类对象的 4 个顶点、两条边的长度以及夹角的度数。要求将矩形类的定义补充完整。

```
后置代码:
int main()
{   Rectangle r1(12,45,89,10,10,23,56,1);                       //定义对象
    r1.showPoint();                                             //输出点坐标
    r1.showLength();                                            //输出线段长度
    r1.showAngle();                                             //输出夹角度数
    return 0;
}
```

无输入。

输出

```
矩形 4 个顶点:
(12,45),(89,10)
(10,23),(56,1)
矩形 2 个边长度:84.5813,50.9902
矩形 2 个边分别与 X 轴夹角度数:-24.444,-25.56
```

***题 9.11** 打印运动会参赛人员名单。本校运动会有游泳、跳高、短跑等项目,限制每位参赛人员只能参加一项比赛。请打印出参加游泳比赛的运动员名单。已知运动员类 Athlete 的属性有姓名、院系等,比赛项目类 Game 的属性有项目名称、比赛时间、参赛人数、

参赛人员等。

本题涉及两个类的组合以及对象数组的用法。

```
后置代码:
int main()
{   Athlete arr[3] ={Athlete("刘勇","商学院"),Athlete("周华","文学院"),Athlete
   ("何川洋","法学院")};                                //对象数组初始化
    Game swimming("游泳",15,30,3,arr);
    swimming.print();
    return 0;
}
```

无输入。

输出

```
项目:游泳 比赛时间:15时30分
1 刘勇 商学院
2 周华 文学院
3 何川洋 法学院
```

第10章 多继承

10.1 多继承的定义

C++ 中有两种继承：单继承和多继承。也就是说基类与派生类的对应关系分为两种，如图 10.1 所示。

（1）单继承(也叫单一继承)：派生类只从一个基类派生。

（2）多继承(也叫多重继承)：派生类从多个基类派生。

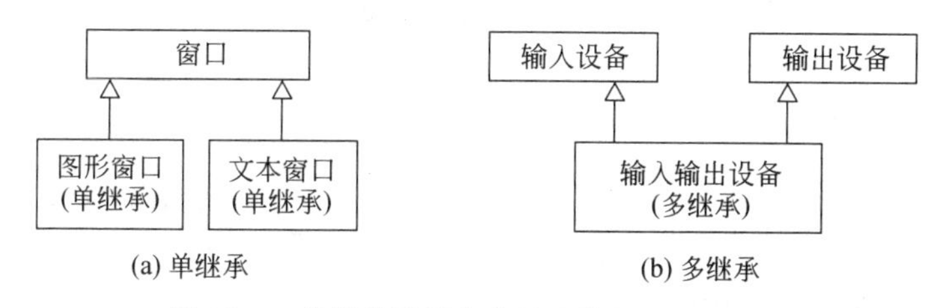

图 10.1 类的单继承和多继承的 UML 结构图

图 10.1 中窗口类是基类，多重派生出图形窗口类和文本窗口类。对于图形窗口类和文本窗口类来说，其基类只有一个，就是窗口类，这就是单继承。而输入输出设备的基类有两个，分别是输入设备类和输出设备类，这就是多继承。

一个类从多个基类派生的一般形式是

```
class 类名 1:访问控制 类名 2, 访问控制 类名 3,…, 访问控制 类名 n
    {…//定义派生类自己的成员 };
```

类名 1 继承了类名 2 到类名 n 的所有数据成员和成员函数，访问控制用于限制其后的类中的成员在类名 1 中的访问权限，其规则和单继承的情况一样。

多继承可以视为单继承的扩展。

10.2 多继承的构造函数

多继承时的构造函数定义如下：

```
派生类名::派生类名(基类 1 形参,本类形参):基类名 1(参数), 基类名 2(参数), …,基类名 n(参数)
{
    本类成员初始化赋值语句;
};
```

如果多继承且有内嵌对象时，其构造函数定义如下：

```
派生类名::派生类名(基类1形参,基类2形参,…,基类n形参,本类形参):基类名1(参数), 基类名2(参数), …,基类名n(参数),对象数据成员的初始化
{
    本类成员初始化赋值语句;
};
```

构造函数的调用次序如下：

(1) 基类构造函数，按照它们被继承时声明的顺序(从左向右)调用。

(2) 成员对象的构造函数，按照它们在类中声明的顺序调用。

(3) 派生类的构造函数体中的内容。

[**例 10.1**] 多继承示例。

```
//L10_1.cpp
#include <iostream>
using namespace std;
class A
{
private:
    int a;
public:
    void setA(int x){  a=x;  }
    void showA(){  cout <<"a="<<a <<endl;  }
};
class B
{
private:
    int b;
public:
    void setB(int x) {  b =x;  }
    void showB() {  cout <<"b="<<b <<endl;  }
};
class C : public A, private B
{
private:
    int c;
public:
    void setC(int x, int y){  c=x; setB(y);  }
    void showC()
    {  showB(); cout <<"c="<<c <<endl;  }
};
int main()
{   C obj;
    obj.setA(53);
    obj.setC(55,58);
```

```
    obj.showA( );
    obj.showC();
    return 0;
}
```

输出

```
a=53
b=58
c=55
```

例 10.1 中类 C 从类 A 公有派生，因此，类 A 公有成员（保护成员）在类 C 中仍是公有（保护）的。类 C 从类 B 私有派生，类 B 的所有成员在类 C 中是私有的。这些成员在派生类中的可访问性与单继承中讨论的一样。类 B 被私有继承，因此，类 C 还需要负责维护类 B 数据成员值和显示，所以在 showC 和 setC 中分别调用类 B 成员函数 showB 和 setB。如果使用 obj. setB(5)和 obj. showB( )都错误，见本章课后习题 10.1。

10.3　多继承中同名问题

在多继承中，一个派生类的多个基类具有同名成员，如果派生类也声明了同名成员，派生类的成员覆盖多个基类中的同名成员。派生类对象 d 要想访问基类中的同名成员，就必须使用作用域运算符::。

使用规则如下：

```
(1) 基类名::成员名;                              //数据成员
(2) 基类名::函数名(参数);                        //函数成员
```

作用域运算符::作用就是指明要访问的是哪一个类中的同名成员。

当派生类与基类中有相同成员时：

(1) 若未强行指名，则通过派生类对象使用的是派生类中的同名成员。

(2) 若通过派生类对象访问基类中被覆盖的同名成员，应使用基类名限定。

(3) 对基类成员的访问必须是无二义性的。

如果使用一个表达式的含义能解释为可以访问多个基类中的成员，则这种对基类成员的访问就是不确定的，称这种访问具有二义性。二义性解决方法如下：

(1) 作用域分辨符，见例 10.2 和例 10.3。

(2) 同名覆盖原则，见例 10.2。

(3) 虚函数，第 11 章介绍。

[**例 10.2**]　多继承中的同名问题示例。

```
//L10_2.cpp
#include <iostream>
using namespace std;
class B1
{
```

```
public:
    int num;
    void fun() {  cout<<"member of B1"<<endl;  }
};
class B2
{
public:
    int num;
    void fun() {  cout<<"member of B2"<<endl;  }
};
class D: public B1, public B2
{
public:
    int num;
    void fun() {  cout<<"member of D"<<endl;  }
};
int main()
{   D d;
    d.num =1;                                      //访问 D 类成员
    d.fun();                                       //访问 D 类成员
    d.B1::num =2;                                  //访问 B1 类成员
    d.B1::fun();                                   //访问 B1 类成员
    d.B2::num =3;                                  //访问 B2 类成员
    d.B2::fun();                                   //访问 B2 类成员
    return 0;
}
```

输出

```
member of D:1
member of B1:2
member of B2:3
```

例 10.2 中,main 函数中的 d.fun();为同名覆盖。d.B1::fun();和 d.B2::fun();使用域作用符::来访问被隐藏的成员,这样就避免了二义性问题,见本章课后习题 10.2。

[**例 10.3**] 访问具有二义性举例。

```
//L10_3.cpp
#include <iostream>
using namespace std;
class A
{
public:
    void func( ){  cout<<"a.func"<<endl;  }
};
class B
{
```

```
public:
    void func( ){  cout<<"b.func"<<endl;  }
    void gunc( ){  cout<<"b.gunc"<<endl;  }
};
class C : public A, public B
{
public:
    void gunc( ){  cout<<"c.gunc"<<endl;  }
    void hunc( ){  func();  }                        //具有二义性
};
int main( )
{
    C obj;
    obj.func();                                      //具有二义性
    obj.gunc( );                                     //C 的 gunc,同名覆盖
    return 0;
}
```

例 10.3 中 main 函数中的 obj. func();具有二义性,用 C 类的对象 obj 访问函数 func 具有二义性,不能确定是 A 的 func 还是 B 的 func。C 类的 hunc 函数中 func();具有二义性。C 类的成员函数 hunc 访问 func 时,无法确定是访问基类 A 还是基类 B,出现二义性。使用 A :: func( )或 B :: func( )可以消除这种二义性。

例 10.3 的 C 类设计修改如下:

```
class C : public A, public B
{
public:
    void gunc( ){  cout<<"c.gunc"<<endl;  }
    void hun1( ){  A::func();  }                     //使用基类 A 的 func
    void hun2( ){  B::func();  }                     //使用基类 B 的 func
};
```

C 类对象 obj 访问函数 func,使用基类名限定可消除二义性:

```
obj.A :: func( );                                    //A 的 func
obj.B :: func( );                                    //B 的 func
```

输出

```
Member of B0:2
Member of B0:3
```

从修改后的代码可以看到:使用域作用符::可以解决二义性问题。域作用符不仅可用在类中,而且可以用在函数调用时,见本章课后习题 10.3。

10.4　虚基类

当派生类从多个基类派生,而这些基类又从同一个基类派生时,则在访问此共同基类中的成员时将产生二义性。

[例 10.4] 多继承二义性示例 2。

```
//L10_4.cpp
#include <iostream>
using namespace std;
class B0                                          //声明基类 B0
{
public:                                           //外部接口
    B0(int n){  nV=n;  }                          //构造函数
    int nV;
    void fun(){  cout<<"Member of B0"<<endl<<nV;  }
};
class B1: public B0                               //B0 为虚基类,派生 B1 类
{
public:
    B1(int a) : B0(a) {}                          //构造函数
    int nV1;
};
class B2:public B0                                //B0 为虚基类派生 B2 类
{
public:
    B2(int a) : B0(a) {}                          //构造函数
    int nV2;
};
class D1: public B1, public B2                    //派生类 D1 声明
{
public:
    D1(int a=0) : B1(a+1), B2(a+2){}              //构造函数
    int nVd;
    void fund(){  cout<<"Member of D1:"<<nVd<<endl;  }
};
int main()
{   D1 d1;
    d1.fun();
    d1.B1::fun();
    d1.B2::fun();
    return 0;
}
```

例 10.4 的 main 函数中,d1.fun();语句具有二义性。注释掉该语句后,输出

```
Member of B0:1
Member of B0:2
```

例 10.4 中类之间的关系如图 10.2 所示。

从图 10.2 可以看到,D1 类最远的基类是 B0。

例 10.4 中派生类对象的存储结构如图 10.3 所示。

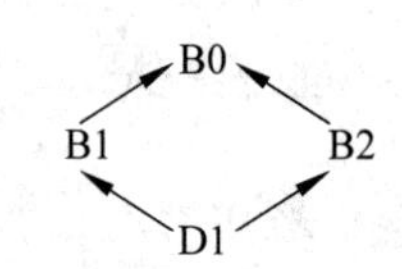

图 10.2 例 10.4 类之间的关系

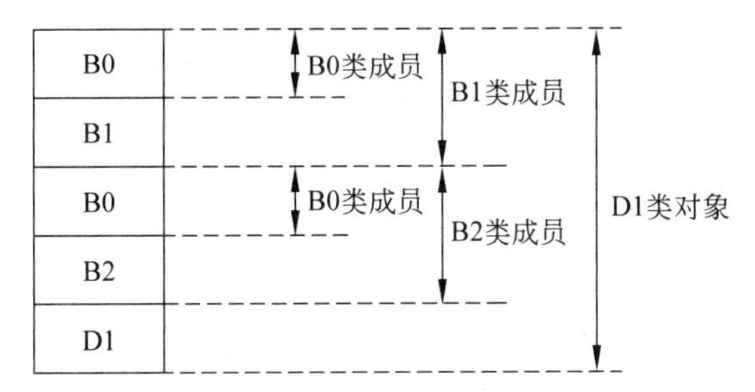

图 10.3　例 10.4 中派生类对象的存储结构

从图 10.3 可以看到,类 C 的对象在内存中同时拥有 B0 两份同名复制,这就产生了二义性问题。解决方法是使用虚基类,可使得 B0 只有 1 份复制。

虚基类用于有共同基类的场合。

虚基类在声明时以 virtual 修饰说明基类。例如:

```
class B1:virtual public B
```

其作用是解决多继承时可能发生的对同一基类继承多次而产生的二义性问题,为最远的派生类提供唯一的基类成员,而不重复产生多份副本。

★注意:*在第一级继承时就要将共同基类设计为虚基类。*

[**例 10.5**]　虚基类应用示例。

```
//L10_5.cpp
#include <iostream>
using namespace std;
class B0                                    //声明基类 B0
{
public:                                     //外部接口
    B0(int n=0){ nV=n;  }                   //构造函数
    int nV;
    void fun(){  cout<<"Member of B0:"<<nV<<endl;  }
};
class B1: virtual public B0                 //B0 为虚基类,派生 B1 类
{
public:
    B1(int a=0) : B0(a) {}                  //构造函数
    int nV1;
};
class B2:virtual public B0                  //B0 为虚基类派生 B2 类
{
public:
    B2(int a=0) : B0(a) {}                  //构造函数
    int nV2;
};
class D1: public B1, public B2              //派生类 D1 声明
{
```

```
public:
    D1(int a=0) : B1(a+1), B2(a+2){}              //构造函数
    int nVd;
    void fund(){  cout<<"Member of D1:"<<nVd<<endl;  }
};
int main()
{   D1 d1;
    d1.fun();
    d1.B1::fun();
    d1.B2::fun();
    return 0;
}
```

输出

```
Member of B0:0
Member of B0:0
Member of B0:0
```

例10.5中派生类对象的存储结构如图10.4所示。

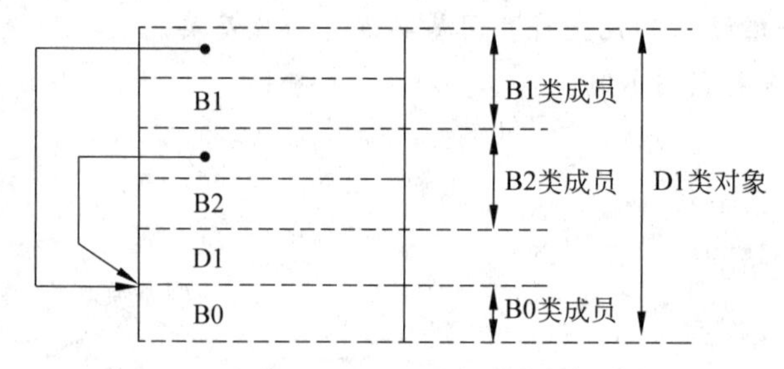

图10.4 例10.5派生类对象存储结构示意图

从图10.4可以看到，从不同路径继承的同名数据成员在内存中只有一个副本，同一个函数名也只有一个映射，所以main函数中语句d1.fun();是正确的。

基类B0在D1的构造函数列表中如果未列出，则表示调用该虚基类的默认无参构造函数，因此例10.5每行的最后都输出0，这与本章课后习题10.4有区别。

虚基类及其派生类构造函数说明如下：

(1) 建立对象时所指定的类称为最远派生类。

(2) 虚基类的成员是由最远派生类的构造函数通过调用虚基类的构造函数初始化的。

(3) 在整个继承结构中，直接或间接继承虚基类的所有派生类，都必须在构造函数的成员初始化表中给出对虚基类的构造函数的调用。如果未列出，则表示调用该虚基类的默认构造函数。

(4) 在建立对象时，只有最远派生类的构造函数调用虚基类的构造函数，该派生类的其他基类对虚基类构造函数的调用被忽略。

如果将例10.5的D类构造函数做如下修改：

```
D1(int a=0) :B0(a+3),B1(a+1), B2(a+2){}          //构造函数
```

则运行结果为

```
Member of B0:3
Member of B0:3
Member of B0:3
```

出现这种结果是因为在建立对象时，只有最派生类的构造函数调用虚基类的构造函数，该派生类的其他基类对虚基类构造函数的调用被忽略。

10.5　课堂练习

根据下面的代码回答问题。

```
#include <iostream>
using namespace std;
enum MyColor{BLACK, WHITE,RED,YELLOW,GREEN};
class Point
{
protected:
    double x,y;
public:
    Point(double a,double b)
    {   x=a;y=b;
        cout<<"调用 Point 类带参构造函数"<<endl;
    }
    Point()
    {   x=0;y=0;
        cout<<"调用 Point 类无参构造函数"<<endl;
    }
    void Show()
    {  cout<<x<<","<<y;  }
};
class Color
{
protected:
    MyColor a;
public:
    Color(MyColor b)
    {   a=b;
        cout<<"调用 Color 类带参构造函数"<<endl;
    }
    Color()
    {   a=BLACK;
        cout<<"调用 Color 类无参构造函数"<<endl;
    }
    void Show()
    {   cout<<"颜色=";
        switch (a)
        {   case 0:cout<<"BLACK"<<endl;break;
            case 1:cout<<"WHITE"<<endl;break;
```

```
            case 2:cout<<"RED"<<endl;break;
            case 3:cout<<"YELLOW"<<endl;break;
            case 4:cout<<"GREEN"<<endl;break;
            default:cout<<"QITA"<<endl;
        }
    }
};
class Circle:public Point,public Color
{
public:
    Circle(double a=10,double b=10,double c=5,MyColor d=GREEN):Point(a,b),Color(d)
    {  r=c;  }
    void Show();
private:
    double r;
};
void Circle::Show()
{
    cout<<"半径="<<r<<endl
    <<"圆心=("<<x<<","<<y<<")"<<endl;
    Color::Show();
}
int main()
{   Circle c1(100,100,10,RED),c2;                    //定义圆对象
    c1.Show();                                       //调用成员函数
    c2.Show();                                       //调用成员函数
    return 0;
}
```

(1) 运行结果是多少?

(2) 类 Circle 和类 Point、类 Color 是什么关系?

(3) 类 Circle 和类 Point、类 Color 都定义了 Show,这种现象称为什么?

(4) 分析 Circle 类可以访问的成员。

(5) 基于项目多文件管理改写本代码。

10.6 课后习题

本章涉及访问权限分析以及多继承的问题。将题 9.9 和题 10.1 的代码用基于项目多文件管理来改写,分析圆类可以访问的成员。

题 10.1 圆类的设计与实现(多继承)。设有一个 Point 类,有数据成员 x 和 y。另有一个 Color 类,有数据成员 a。要求从 Point 类和 Color 类公有派生出 Circle 类,增加了数据成员 r,这 3 个类都定义了 Show 函数输出其数据信息。请补充 Circle 类的定义,并分析输出为什么是这样的运行结果。

注意本题与题 9.9 的区别。

前置代码：

```
#include <iostream>
using namespace std;
enum MyColor{BLACK, WHITE,RED,YELLOW,GREEN};
class Point
{
protected:
    double x,y;
public:
    Point(double a,double b)
    {   x=a;y=b;
        cout<<"调用 Point 类带参构造函数"<<endl;
    }
    Point()
    {   x=0;y=0;
        cout<<"调用 Point 类无参构造函数"<<endl;
    }
    void Show()
    {  cout<<x<<","<<y;  }
};
class Color
{
protected:
    MyColor a;
public:
    Color(MyColor b)
    {   a=b;
        cout<<"调用 Color 类带参构造函数"<<endl;
    }
    Color()
    {   a=BLACK;
        cout<<"调用 Color 类无参构造函数"<<endl;
    }
    Color(Color &r)
    {   a=r.a;
        cout<<"调用 Color 类复制构造函数"<<endl;
    }
    void Show()
    {   cout<<"颜色=";
        switch (a)
        {   case 0:cout<<"BLACK"<<endl;break;
            case 1:cout<<"WHITE"<<endl;break;
            case 2:cout<<"RED"<<endl;break;
            case 3:cout<<"YELLOW"<<endl;break;
            case 4:cout<<"GREEN"<<endl;break;
            default:cout<<"QITA"<<endl;
        }
    }
};
```

```
后置代码:
int main()
{   Circle c1(100,100,10,RED);                    //定义圆对象
    c1.Show();                                    //调用成员函数
    return 0;
}
```

无输入。

输出

```
调用 Point 类带参构造函数
调用 Color 类带参构造函数
半径=10
圆心=(100,100)
颜色=RED
```

题 10.2 看程序写结果(多继承)。

思考:为什么在 main 函数中使用 obj. setB(5)和 obj. showB()都是错误的?

```
#include <iostream>
using namespace std;
class A
{
private:
    int a;
public:
    void setA(int x){  a=x;  }
    void showA( ){  cout <<"a="<<a <<endl;  }
};
class B
{
private:
    int b;
public:
    void setB( int x ) {  b =x;  }
    void showB( ) {  cout <<"b="<<b <<endl;  }
};
class C : public A, private B
{
private:
    int c;
public:
    void setC(int x, int y ){  c=x; setB(y);  }
    void showC( )
```

```
    {   showB( );
        cout <<"c="<<c <<endl;
    }
};
int main( )
{   C obj;
    obj.setA(53);                           //a=53
    obj.setC(55,58);                        //b=58 c=55
    obj.showA( );                           //输出 a=53
    obj.showC();                            //输出 b=58   c=55
    return 0;
}
```

题 10.3 看程序写结果(多继承中的同名覆盖用法)。

注意本题与题 9.5 的区别。思考：如果 D 类中没有重写 fun 函数,那么在 main 函数中 d. fun();被视为语法错误,为什么?

```
#include <iostream>
using namespace std;
class B1
{
public:
    int num;
    void fun() {  cout<<"member of B1:"<<num<<endl;  }
};
class B2
{
public:
    int num;
    void fun() {  cout<<"member of B2:"<<num<<endl;  }
};
class D: public B1, public B2
{
public:
    int num;
    void fun() {  cout<<"member of D:"<<num<<endl;  }
};
int main()
{   D d;
    d.num =1;                               //访问 D 类成员
    d.fun();                                //访问 D 类成员,同名覆盖
    d.B1::num =2;                           //访问 B1 类成员
    d.B1::fun();                            //访问 B1 类成员
    d.B2::num =3;                           //访问 B2 类成员
    d.B2::fun();                            //访问 B2 类成员
    return 0;
```

```
}
```

题 10.4 看程序写结果(多继承中的二义性)。

思考:如果在main函数中加入语句d1.fun();会出现语法错误,为什么?

```
#include <iostream>
using namespace std;
#include <iostream>
using namespace std;
class B0                                        //声明基类B0
{
public:
    B0(int n){  nV=n;  }                        //构造函数
    int nV;
    void fun(){  cout<<"Member of B0:"<<nV<<endl;  }
};
class B1: public B0                             //B0为基类,派生B1类
{
public:                                         //新增
    B1(int a) : B0(a+1) {  nV1=a;  }            //构造函数
    int nV1;
};
class B2:public B0                              //B0为基类派生B2类
{
public:                                         //新增
    B2(int a) : B0(a+1) {  nV2=a;  }            //构造函数
    int nV2;
};
class D1: public B1, public B2                  //派生类D1声明
{
public:                                         //新增外部接口
    D1(int a=0):B1(a+1), B2(a+2)                //构造函数
    {  nVd=a;  }
    int nVd;
    void fund(){  cout<<"Member of D1:"<<nVd<<endl;  }
};
int main()
{   D1 d1;
    d1.B1::fun();
    d1.B2::fun();
    return 0;
}
```

题 10.5 看程序写结果(多继承中的虚基类用法)。

思考:

(1) main函数中语句d1.fun();是正确的,为什么?

(2) 本题运行结果与题 10.4 有区别,为什么?

```
#include <iostream>
using namespace std;
class B0                                    //声明基类 B0
{
public:
    B0(int n){  nV=n;  }                    //构造函数
    int nV;
    void fun(){  cout<<"Member of B0:"<<nV<<endl;  }
};
class B1: virtual public B0                 //B0 为虚基类,派生 B1 类
{
public:
    B1(int a) : B0(a) {}                    //构造函数
    int nV1;
};
class B2: virtual public B0                 //B0 为虚基类,派生 B2 类
{
public:
    B2(int a) : B0(a) {}                    //构造函数
    int nV2;
};
class D1: public B1, public B2              //派生类 D1 声明
{
public:
    D1(int a=0) : B0(a), B1(a+1), B2(a+2){}     //构造函数
    int nVd;
    void fund(){  cout<<"Member of D1:"<<nVd<<endl;  }
};
int main()
{   D1 d1;
    d1.fun();
    d1.B1::fun();
    d1.B2::fun();
    return 0;
}
```

题 10.6 看程序写结果(虚基类的用法)。

```
#include <iostream>
using namespace std;
class base
{
public:
    int b;
```

```
    base()
    {  b=0;  }
};
class base1:virtual public base
{  int b1;
public:
    base1()
    {  b=10;  }
};
class base2:virtual public base
{  int b2;
public:
    base2()
    {  b=20;  }
};
class derived:public base1,public base2
{  int d;
public:
    derived()
    {  d=0;b=5;  }
};
int main()
{  derived d;
    cout<<d.b<<endl;
    cout<<d.base1::b<<endl;
    cout<<d.base2::b<<endl;
    return 0;
}
```

第11章 多态性与虚函数

多态是指一个名字有多种语义，或一个相同界面有多种实现；或是指发出同样的消息被不同类型的对象接收而导致完全不同的行为，即对象根据所接收到的消息做出相应的操作。

函数重载和运算符重载表现了最简单的多态性。

封装性、继承性和多态性构成了面向对象程序设计语言的三大特性。

封装性是基础，继承性是关键，多态性是扩充。

11.1 多态性

多态性即“一个接口，多种实现”，就是说对不同类的对象发出相同的消息（主要指对类的成员函数的调用）将会有不同的行为（指不同的实现）。

多态从实现的角度来讲可以划分为两类：

(1) 编译时的多态：编译的过程中确定操作对象的函数。编译时的多态通过函数重载和运算符重载来体现（静态联编）。

(2) 运行时的多态：程序运行过程中才动态地确定操作对象的函数。运行时的多态通过继承与虚函数来体现（动态联编）。

上述确定操作的具体对象的过程就是联编。

虚函数允许函数调用与函数体的联系在运行时才给出。当需要多态性时，这种功能显得尤其重要。

［**例 11.1**］ 赋值兼容规则举例。

```
//L11_1.cpp
#include <iostream>
#include <cstring>
using namespace std;
class B
{
    char name[80];
public:
    void put_name(char * s)
    {  strcpy(name,s);  }
    void show_name()
    {  cout<<name<<endl;  }
};
```

```
class D: public B
{
    char phone_num[80];
public:
    void put_phone(char * num)
    {  strcpy(phone_num,num);  }
    void show_phone()
    {  cout<<phone_num<<endl;  }
};
int main()
{   B * p;
    B Bobj;
    D * dp;
    D Dobj;
    p=&Bobj;
    p->put_name("Zhang Fang");
    p=&Dobj;
    p->put_name("Wang Ming");
    Bobj.show_name();
    Dobj.show_name();
    dp=&Dobj;
    dp->put_phone("83768493");
    dp->show_phone();
    p->show_phone();                              //不能访问
    ((D *)p)->show_phone();
    return 0;
}
```

输出

```
Zhang Fang
Wang Ming
83768493
83768493
```

例 11.1 中,根据赋值兼容规则,p->show_phone();不能访问,但是((D *)p)->show_phone(); 可以访问,这是因为用基类指针访问其公有派生类的特定成员,必须将基类指针显式转换为派生类指针。根据类型适应性的原则,一个指向基类的指针可用来指向公有派生的任何对象。这是 C++ 实现运行时多态性的关键。

[**例 11.2**] 静态联编的示例。

```
//L11_2.cpp
#include <iostream>
using namespace std;
class Base
{
```

```
protected:
    int x;
public:
    Base(int a)
    {  x=a;  }
    void print()
    {  cout<<"Base:"<<x<<endl;  }
};
class First_d: public Base
{
public:
    First_d(int a):Base(a){}
    void print()
    {  cout<<"First derivation:"<<x<<endl;  }
};
class Second_d: public Base
{
public:
    Second_d(int a):Base(a){}
    void print()
    {  cout<<"Second derivation:"<<x<<endl;  }
};
int main()
{   Base *p;
    Base obj1(1);
    First_d obj2(2);
    Second_d obj3(3);
    p=&obj1;
    p->print();
    p=&obj2;
    p->print();
    p=&obj3;
    p->print();
    obj2.print();
    obj3.print();
    return 0;
}
```

输出

```
Base:1
Base:2
Base:3
First derivation:2
Second derivation:3
```

例 11.2 采用静态联编的方式,对于指向基类的指针 p,在运行前,p->print()已确定为访问基类的成员函数 print。所以不管 p 指向基类还是派生类的对象，p->print()都是基类绑定的成员函数，结果都相同。这是静态联编的结果。

［例 11.3］ 动态联编的示例。

```
//L11_3.cpp
#include <iostream>
using namespace std;
class Base
{
protected:
    int x;
public:
    Base(int a)
    {  x=a;  }
    virtual void print()
    {  cout<<"Base:"<<x<<endl;  }
};
class First_d: public Base
{
public:
    First_d(int a):Base(a){}
    void print()
    {  cout<<"First derivation:"<<x<<endl;  }
};
class Second_d: public Base
{
public:
    Second_d(int a):Base(a){}
    void print()
    {  cout<<"Second derivation:"<<x<<endl;  }
};
int main()
{   Base *p;
    Base obj1(1);
    First_d obj2(2);
    Second_d obj3(3);
    p=&obj1;
    p->print();
    p=&obj2;
    p->print();
    p=&obj3;
    p->print();
    obj2.print();
    obj3.print();
    return 0;
}
```

输出

```
Base:1
First derivation:2
Second derivation:3
First derivation:2
Second derivation:3
```

例 11.3 采用动态联编，则随 p 指向的对象不同，使 p->print()能调用不同类中的 print 版本，这样就可以用一个界面 p->print()访问多个实现版本，即该函数调用依赖于运行时 p 所指向的对象，具有多态性。

从例 11.3 可以看到，继承是动态联编的前提，虚函数是动态联编的基础。

11.2 虚函数

虚函数是动态联编的基础。要使用虚函数，只要在类的声明中在函数原型之前写 virtual 即可。

虚函数调用方式是通过基类指针或引用，执行时会根据指针指向的对象的类决定调用哪个函数。如果是通过基类对象调用虚函数，也不适合动态联编。

注意：

(1) virtual 只用来说明类声明中的原型，不能用在函数实现时。

(2) 虚函数具有继承性，基类中声明了虚函数，派生类中无论是否说明，同一原型函数都自动成为虚函数。

(3) 虚函数的本质不是重载声明而是覆盖。

(4) 虚函数是非静态的成员函数。

［**例 11.4**］ 虚函数用法示例。

```
//L11_4.cpp
#include <iostream>
using namespace std;
class B0                                    //基类 B0 声明
{
public:                                     //外部接口
    virtual void display( )
    {  cout<<"B0::display( )"<<endl;  }
};
class B1: public B0                         //公有派生
{
public:
    void display( )
    {  cout<<"B1::display( )"<<endl;  }
};
class D1: public B1                         //公有派生
{
```

```
public:
    void display( )
    {  cout<<"D1::display( )"<<endl;  }
};
void fun(B0 * ptr)                                  //普通函数
{  ptr->display();  }
int main()                                          //主函数
{
    B0 b0,  * p;                                    //声明基类对象和指针
    B1 b1;                                          //声明派生类对象
    D1 d1;                                          //声明派生类对象
    p=&b0;
    fun(p);                                         //调用基类 B0 函数成员
    p=&b1;
    fun(p);                                         //调用派生类 B1 函数成员
    p=&d1;
    fun(p);                                         //调用派生类 D1 函数成员
    return 0;
}
```

输出

```
B0::display()
B1::display()
D1::display()
```

例 11.4 中，通过基类指针或引用调用虚函数，满足了动态联编的条件，因此执行时会根据指针或引用指向的对象的类决定调用哪个函数。

11.3　抽象类与纯虚函数

所谓抽象类是指带有纯虚函数的类，抽象类的定义形式如下：

```
class  类名
{
    virtual 类型 函数名(参数表)=0;                  //纯虚函数
    …
}
```

抽象类的作用如下：

(1) 抽象类是为抽象和设计的目的而建立的，将有关的数据和行为组织在一个继承层次结构中，保证派生类具有要求的行为。

(2) 对于暂时无法实现的函数，可以声明为纯虚函数，留给派生类去实现。

注意：

(1) 抽象类只能作为基类来使用。

(2) 不能声明抽象类的对象。

(3) 构造函数不能是虚函数，析构函数可以是虚函数。

[**例 11.5**] 纯虚函数与抽象类用法示例 1。

```
//L11_5.cpp
#include <iostream>
using namespace std;
class B0                                        //抽象基类 B0 声明
{
public:                                         //外部接口
    virtual void display( )=0;                  //纯虚函数成员
};
class B1: public B0
{
public:
    void display(){  cout<<"B1::display()"<<endl;  }
};
class D1: public B1                             //公有派生
{
public:
    void display(){  cout<<"D1::display()"<<endl;  }
};
void fun(B0 *ptr)                               //普通函数
{  ptr->display();  }

int main()                                      //主函数
{   B0 *p;                                      //声明抽象基类指针
    B1 b1;                                      //声明派生类对象
    D1 d1;                                      //声明派生类对象
    p=&b1;
    fun(p);                                     //调用派生类 B1 函数成员
    p=&d1;
    fun(p);                                     //调用派生类 D1 函数成员
    return 0;
}
```

输出

```
B1::display()
D1::display()
```

例 11.5 中，B0 类的 display 函数就是一个纯虚函数，没有函数体，因此 B0 是一个抽象类。在 B0 的派生类 B1 和 B2 中给出 display 函数的具体实现，然后通过基类指针调用虚函数，满足了动态联编的条件，因此执行时会根据指针指向的对象的类决定调用哪个函数。

[**例 11.6**] 纯虚函数与抽象类用法示例 2。

```
//L11_6.cpp
#include <iostream>
```

```
using namespace std;
class Shape
{
public:
    virtual float area() =0;                          // 将 area 定义成纯虚函数
};
class Triangle:public Shape
{
public:
    Triangle(float x,float y)
    {  e=x;h=y;  }
    float area()
    {  return e * h/2;  }
private:
    float e,h;
};
class Circle:public Shape
{
public:
    Circle(float x)
    {  r=x;  }
    float area()
    {  return 3.1415926 * r * r;  }
private:
    float r;
};
int main()
{   Shape * pShape;
    Triangle tri(3, 4);
    cout<<tri.area()<<endl;
    pShape =&tri;
    cout<<pShape->area()<<endl;
    Circle cir(5);
    cout<<cir.area()<<endl;
    pShape =&cir;
    cout<<pShape->area()<<endl;
    return 0;
}
```

输出

```
6
6
78.5398
78.5398
```

例 11.6 中,Shape 类的 area 函数就是一个纯虚函数,没有函数体,因此 Shape 是一个抽象类。在 Shape 的派生类 Triangle 和 Circle 中给出 area 函数的具体实现，然后通过基类指针调用虚函数，满足了动态联编的条件，因此执行时会根据指针指向的对象的类决定调用哪个函数。

11.4　课堂练习

根据下面的代码回答问题，注意赋值兼容规则与虚函数的动态联编的区别。

```
#include <iostream>
using namespace std;
class Point
{
protected:
    double x,y;
public:
    Point(double a,double b)
    {  x=a;y=b;  }
    void Show()
    {  cout<<x<<","<<y<<endl;  }
};
class Circle:public Point
{
public:
    Circle(double a,double b,double c):Point(a,b)
    {  r=c;  }
    void Show();
private:
    double r;
};
void Circle::Show()
{   cout<<"圆心("<<x<<" , "<<y<<")"
    <<",半径="<<r<<endl;
}
int main()
{
    Circle c(100,100,10);                         //定义圆类对象
    Point &p=c;
    p.Show();
    return 0;
}
```

(1) 运行结果是多少?

(2) Circle 类和 Point 类是什么关系?

(3) Circle 类和 Point 类都定义了 Show 函数，p. Show();调用的是哪个类的 Show 函数? 为什么?

(4) 如果将 Point 类的 Show 函数改为虚函数,其他不变,运行结果有变化吗？为什么？

11.5 课后习题

题 11.1 读程序写结果。

注意：本题与题 9.2、题 9.3、题 11.2、题 11.3 的结果有不同吗？为什么？

```
#include <iostream>
using namespace std;
class CPerson
{
public:
    void set(char *p,int x,int y)
    {  strcpy(name,p); num=x; sex=y;  }
    virtual void out();                              //定义虚函数
private:
    char name[8];
    int num,sex;
};
void CPerson::out()
{   cout<<"name:"<<name<<",num:"<<num;
    if(sex==0) cout<<",sex:男"<<endl;
    else       cout<<",sex:女"<<endl;
}
class CStudent:public CPerson
{
public:
    void addscore(float x)
    {  score=x;  }
    void out()
    {   CPerson::out();
        cout<<"score:"<<score<<endl;
}
private:
    float score;
};
int main()
{   CStudent s1; CPerson s;
    s1.set("wu",1,0);
    s1.addscore(95.5f);
    s=s1;
    s.out();
    return 0;
}
```

题 11.2　读程序写结果。

注意：本题与题 9.2、题 9.3、题 11.1、题 11.3 的结果有何不同？为什么？

```
#include <iostream>
using namespace std;
class CPerson
{
public:
    void set(char * p,int x,int y)
    {  strcpy(name,p); num=x; sex=y;  }
    virtual void out();                       //定义虚函数
private:
    char name[8];
    int num,sex;
};
void CPerson::out()
{   cout<<"name:"<<name<<",num:"<<num;
    if(sex==0) cout<<",sex:男"<<endl;
    else       cout<<",sex:女"<<endl;
}
class CStudent:public CPerson
{
public:
    void addscore(float x)
    {  score=x;  }
    void out()
    {  CPerson::out();
       cout<<"score:"<<score<<endl;
    }
private:
    float score;
};
int main()
{   CStudent s1; CPerson * s;
    s1.set("wu",1,0);
    s1.addscore(95.5f);
    s=&s1;
    s->out();
    return 0;
}
```

题 11.3　读程序写结果。

注意：本题与题 9.2、题 9.3、题 11.1、题 11.2 的结果有何不同？为什么？

```
#include <iostream>
using namespace std;
```

```
class CPerson
{
public:
    void set(char *p,int x,int y)
    {  strcpy(name,p); num=x; sex=y;  }
    void out();
private:
    char name[8];
    int num,sex;
};
void CPerson::out()
{   cout<<"name:"<<name<<",num:"<<num;
    if(sex==0) cout<<",sex:男"<<endl;
    else       cout<<",sex:女"<<endl;
}
class CStudent:public CPerson
{
public:
    void addscore(float x)
    {  score=x;  }
    void out()
    {   CPerson::out();
        cout<<"score:"<<score<<endl;
    }
private:
    float score;
};
int main()
{   CStudent s1; CPerson *s;
    s1.set("wu",1,0);
    s1.addscore(95.5f);
    s=&s1;
    ((CStudent *)s)->out();
    return 0;
}
```

题 11.4 读程序写结果。

注意：本题与题 11.5 的结果有何不同？为什么？

```
#include<iostream>
using namespace std;
class base
{
private:
    int x,y;
public:
```

```
    base(int xx=0,int yy=0)
    {  x=xx; y=yy;  }
    void disp()
    {  cout<<"base:"<<x<<","<<y<<endl;  }
};
class base1:public base
{
private:
    int z;
public:
    base1(int xx,int yy,int zz):base(xx,yy)
    {  z=zz;  }
    void disp()                              //定义同名函数
    {  cout<<"base1:"<<z<<endl;  }
};
int main()
{   base obj(3,4), * objp;
    base1 obj1(1,2,3);
    objp=&obj;
    objp->disp();
    objp=&obj1;
    objp->disp();
    return 0;
}
```

题 11.5　读程序写结果。

注意：本题与题 11.4 的结果有何不同？为什么？

```
#include<iostream>
using namespace std;
class base
{
private:
    int x,y;
public:
    base(int xx=0,int yy=0)
    {  x=xx; y=yy;  }
    virtual void disp()                      //定义虚函数
    {  cout<<"base:"<<x<<","<<y<<endl;  }
};
class base1:public base
{
private:
    int z;
public:
    base1(int xx,int yy,int zz):base(xx,yy)
```

```
    {  z=zz;  }
    void disp()                              //定义同名函数
    {  cout<<"base1:"<<z<<endl;  }
};
int main()
{   base obj(3,4),*objp;
    base1 obj1(1,2,3);
    objp=&obj;
    objp->disp();
    objp=&obj1;
    objp->disp();
    return 0;
}
```

题 11.6 读程序写结果(纯虚函数与抽象类)。

思考：为什么 main 函数中不能定义 Vehicle 类对象，即 Vehicle a(100,4);是错误语句？

```
#include <iostream>
using namespace std;
class Vehicle
{
public:
    Vehicle(float s,int t)
    {  speed =s; total =t;  }
    virtual void ShowMember()=0;          //纯虚函数的定义
protected:
    float speed;
    int total;
};
class Car:public Vehicle
{
public:
    Car(int a,float s,int t):Vehicle(s,t)
    {  aird =a;  }
    void ShowMember()
    {   cout<<"speed="<<speed<<endl;
        cout<<"total="<<total<<endl;
        cout<<"aird="<<aird<<endl;
    }
protected:
    int aird;
};
int main()
{   Car b(250,150,4);
    b.ShowMember();
```

```
    return 0;
}
```

题 11.7　鱼的呼吸(虚函数与多态性)。设 animal 类是 fish 类的基类，animal 类的 breathe 成员函数输出"animal breathe"，该函数在 fish 类中被重写，输出"fish bubble"。要求根据 main 的预设代码，编程设计 animal 类和 fish 类。

```
后置代码:
int main()
{   fish fh;
    animal *pAn=&fh;
    pAn->breathe();
}
```

无输入。

输出

```
fish bubble
```

题 11.8　面积计算(纯虚函数与抽象类)。利用多态编程创建一个图形(Shape)类，求三角形(Triangle)和圆(Circle)的面积。圆周率取 3.1415926。要求补充三角形类和圆类的设计。另外，要求基于项目多文件管理编写代码。

```
前置代码:
#include <iostream>
using namespace std;
class Shape
{
public:
    virtual float area() =0;                    //将 area 定义成纯虚函数
};
```

```
后置代码:
int main()
{   Shape *pShape;
    Triangle tri(3,4);
    cout<<tri.area()<<endl;
    pShape =&tri;
    cout<<pShape->area()<<endl;
    Circle cir(5);
    cout<<cir.area()<<endl;
    pShape =&cir;
    cout<<pShape->area()<<endl;
    return 0;
}
```

无输入。

输出

```
6
6
78.5398
78.5398
```

第 12 章 异常处理

12.1 程序调试方法

程序编译或者链接出错，只要在 output 窗口鼠标双击错误行即可自动跳转到错误之处，这类语法错误不需要调试。如果程序编译或者链接正确，但是执行结果不正确，这类逻辑错误就需要用到调试了。

对程序进行调试要学会设置断点，所谓断点是程序运行时暂停的代码行。如果有多个断点，程序会在最早运行到的断点停下来。程序调试运行时，按 F5 键或者单击带对钩的“调试”按钮，可以通过“添加查看”按钮观察变量的值的变化，还可以通过“下一步”等按钮跟踪程序的变化，如图 12.1 所示。

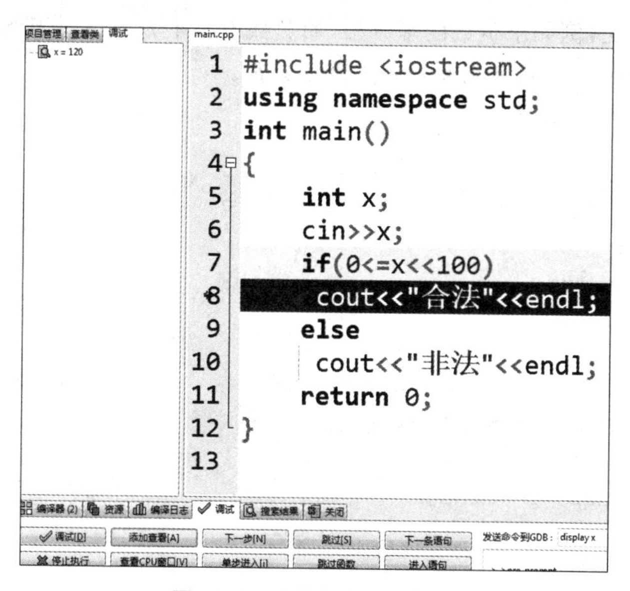

图 12.1 设置断点跟踪调试

12.2 异常处理方法

异常处理是对于各种意外情况的恰当处理，体现了软件的容错能力。

异常处理有 3 种方法：

(1) 出现异常时直接调用 abort 或者 exit 函数。

(2) 通过函数的返回值判断异常。

(3) 通过 throw、try-catch 来实现。

前两种方法适合程序规模比较小的情况，都通过使用 if 语句来判断是否出现了异常，同时，用函数返回值标示产生的异常事件并进行处理。第三种方法适合程序规模较大的情况。

[**例 12.1**] 没有错误处理的程序。

```
//L12_1.cpp
#include <iostream>
#include <cmath>
using namespace std;
int main()
{   double a=-5;
    cout<<sqrt(a)<<endl;
    return 0;
}
```

输出

```
nan
```

例 12.1 的运行结果 nan 是 not a number 的缩写，是一种计算机用语。nan 用于处理计算中出现的错误情况，例如求负数的平方根，而负数没有平方根。对于例 12.1 的错误，常规解决办法是通过使用 if 语句来判断是否出现了异常。

[**例 12.2**] 用 if 处理异常。

```
//L12_2.cpp
#include <iostream>
#include <cmath>
using namespace std;
int main()
{   double a=-5;
    if(a<0)
        cout<<"负数没有平方根"<<endl;
    else
        cout<<sqrt(a)<<endl;
    return 0;
}
```

输出

```
负数没有平方根
```

例 12.2 使用 if 处理 a 为负数的情况，避免了求负数的平方根，并给出了错误提示。

通过 if 方法处理错误存在的问题有以下缺点：

- 重复使用 if 语句，代码看起来也比较烦琐。
- 只能够处理想到的错误，不可避免地会遗漏一些无法预测的情况。
- 出错时返回的信息比较少，无法准确地了解错误原因。

12.3　异常处理机制

程序运行中的有些错误是可以预料的，例如除数为零、内存申请不成功、硬盘文件被移动或者被损坏导致无法打开文件等情况。程序在运行到发生异常之时，应该对所发生的情况做相关的处理之后再退出，把当前控制权交给上一级函数。

C++ 语言提供了对处理异常情况的支持。try、throw 和 catch 语句就是 C++ 语言中用于实现异常处理的机制。

抛出异常的方法是“throw 表达式”，这里的表达式类型可以是基本类型，也可以是对象。如果某段程序中发现了自己不能处理的异常，就可以使用 throw 表达式抛出这个异常，将它抛给调用者。throw 的操作数表示异常类型，语法上与 return 语句的操作数相似，如果程序中有多处要抛出异常，应该用不同的操作数类型来互相区别，操作数的值不能用来区别不同的异常。

当异常被抛出以后，catch 子句便依次被检查，若某个 catch 子句的异常类型声明与被抛出的异常类型一致，则执行该段异常处理程序。如果异常类型声明是一个省略号(…)，catch 子句便处理任何类型的异常，但这段处理程序必须是 try 块的最后一段处理程序。

try-catch 块的语法如下：

```
try
            复合语句
   catch(异常类型声明)
            复合语句
   catch(异常类型声明)
            复合语句
```

[例 12.3]　通过类型捕获函数中除数为零的异常。

```
//L12_3.cpp
#include <iostream>
using namespace std;
float Div(float a, float b)
{   if (b==0)   throw b;                    //抛出异常给 Div 函数的上级(main 函数)处理
    return a/b;
}
int main()
{   try{
        cout <<"5/2 ="<<Div(5,2)<<endl;
        cout <<" 8/0 ="<<Div(8,0)<<endl;//
        cout <<"7/1 ="<<Div(7,1)<<endl;
    }
    catch(float)                           //根据 b 的类型
    {  cout <<"Exception by dividing zero.\n";   }
    return 0;
}
```

输出

```
5/2 =2.5
Exception by dividing zero.
```

例12.3通过类型来捕获被0除的异常。参考这种方法来修改例12.1，通过类型捕获负数异常。

［**例12.4**］ 通过类型捕获负数异常。

```
//L12_4.cpp
#include <iostream>
#include <cmath>
using namespace std;
double dsqrt(double d)
{   if (d <0) throw 1;
    return sqrt(d);
}
int main()
{   double a=-5;
    try {
        cout <<dsqrt(a)<<endl;
    }
    catch(int)
    {  cout<<"负数没有平方根"<<endl;  }
    return 0;
}
```

输出

```
负数没有平方根
```

例12.4中，通过C++的异常处理机制，用类型捕获负数异常，给出“负数没有平方根”的提示。

［**例12.5**］ 通过类型捕获负数异常(对例12.4代码的改进)。

```
//L12_5.cpp
#include <iostream>
#include <cmath>
using namespace std;
double dsqrt(double d)
{   if (d <0) throw 1;
    return sqrt(d);
}
int main()
{   double a;
    while (true)
    {
        cout <<"Please input a positive interger: ";
```

```
        cin>>a;
        try {
            cout <<dsqrt(a)<<endl;
            break;
        }
        catch(int)
        {  cout<<"负数没有平方根"<<endl;  }
    }
    return 0;
}
```

输出

```
Please input a positive interger: -5
负数没有平方根
Please input a positive interger: 8
2.82843
```

例 12.5 中通过循环的运用,可以在运行中反复输入数据,直到输入正确数为止。

[**例 12.6**]　通过异常类捕获除数为零的异常。

```
//L12_6.cpp
#include <iostream>
using namespace std;
class ZeroExcep
{
public:
    ZeroExcep (): message ("Error by dividing zero! ") {}     //除零异常
    const char * GetMessage () {  return message;  }
private:
    const char * message;
};
float div(float num, float denum)
{   if (denum ==0) throw ZeroExcep();                        //抛出异常类对象
    return num/denum;
}
int main ()
{   float num1, num2;
    cout <<"Please input two numbers: ";
    while(cin>>num1>>num2)
    {   try {
            cout<<"The result is:"<<div(num1,num2)<<endl;  //抛出异常
            break;
        }
        catch (ZeroExcep ex){  cout<<"Exception is:"<<ex. GetMessage()<<endl;  }
                                                             //捕获异常
        cout<<"Input two numbers: ";
```

```
    }
return 0;
}
```

输出

```
Please input two numbers: 10  0
Exception is: Error by dividing zero!
Please input two numbers: 7  4
The quotient is: 1.75
```

例 12.6 中通过定义一个异常类，然后通过抛出一个异常类对象的方法来捕获被 0 除异常。在很多情况下，并不需要异常对象的副本，而是希望获得异常对象本身，这时，catch 的参数也可以是 ZeroExcep& ex，即通过引用获得异常对象本身。

[**例 12.7**] 通过异常类捕获负数异常。

```
//L12_7.cpp
#include <iostream>
#include <cmath>
using namespace std;
class FuExcep
{
public:
    FuExcep (): message ("负数没有平方根") {}
    const char * GetMessage () {  return message;  }
private:
    const char * message;
};
float dsqrt(double d)
{
    if (d<0) throw FuExcep();                                    //抛出异常类对象
    return sqrt(d);
}
int main()
{   double a;
    while (true)
    {   cout <<"Please input a positive interger: ";
        cin>>a;
        try {
            cout <<dsqrt(a)<<endl;
            break;
        }
        catch (FuExcep &ex)
        {  cout<<" Exception is: " <<ex.GetMessage()<<endl;  }
    }
    return 0;
}
```

［**例 12.8**］　使用多个 catch 语句捕获多个异常。

```
//L12_8.cpp
#include <iostream>
using namespace std;
void MultiCatch(int test)
{   try {
        if (test) throw test;
        else throw "Value is zero";
    }
    catch(int i) {  cout <<"Caught int! Ex. #: "<<i<<endl;  }
    catch(char * str){  cout <<"Caught a string: "<<str<<endl;  }
}
int main()
{   MultiCatch(1);
    MultiCatch(0);
    return 0;
}
```

输出

```
Caught int! Ex. #: 1
Caught a string: Value is zero
```

例 12.8 用不同的操作数类型互相区别，捕获多个异常。

12.4　课堂练习

根据下面的代码回答问题。

```
#include <iostream>
using namespace std;
int fun(int);
int Array[] ={1,2,3,4,5};
int main()
{   try {
        cout <<"Array[1] ="<<fun(1)<<endl;
        cout <<"Array[10] ="<<fun(6)<<endl;
        cout <<"Array[3] ="<<fun(4)<<endl;
    }
    catch(int)
    {  cout <<"Subscription is out of range"<<endl;  }
    return 0;
}
int fun(int i)
{   if (i >=5) throw i;
    return Array[i];
}
```

(1) 运行结果是什么?

(2) 通过什么来捕获下标异常?

(3) 要求通过异常类捕获下标异常,如何修改代码?

12.5 课后习题

通过本章侧重了解C++中的异常处理机制,即使用throw语句抛出异常对象,使用try-catch语句捕获异常对象,从而实现对异常的处理。

题12.2与题12.1的输入输出相同,题12.3~题12.5的输入输出相同,因此题12.2、题12.4、题12.5省略了输入输出测试用例。

题12.1 读文本文件(用if处理异常)。从键盘输入要读入的文件名。如果是grade.txt,则输出文件内容;如果不是grade.txt,则输出文件打开失败(要求用if来处理文件打开失败)。

注意本题与题12.2的不同。

输入

```
grade.txt
```

输出

```
Java 95
English 90.5
Math 93
C++87.5
```

输入

```
grad.txt
```

输出

```
文件打开失败
```

题12.2 读文本文件(异常处理机制)。从键盘输入要读入的文件名。如果是grade.txt,则输出文件内容;如果不是grade.txt,则输出文件打开失败(本题要求用异常处理机制来实现)。

注意本题与题12.1的不同。

题12.3 计算机器类的设计与实现(用if处理异常)。设计一个简单的0~100(数据合法性检查:超出这个范围要有提示,另外被0除也要有提示,要求用if来实现)的整数计算器,可以完成加、减、乘、除4种算术运算。要求使用面向对象方法实现。

注意本题与题12.4、题12.5的区别。

输入

```
3+5
```

输出

8

输入

3/0

输出

不能被 0 除

输入

120/3

输出

操作数超出范围

输入

3%5

输出

操作符非法

题 12.4　计算器类的设计与实现(异常处理机制 1)。

设计一个简单的 0～100(数据合法性检查:超出这个范围要有异常处理,操作符不是+、-、*、/要有异常处理,被 0 除也要有异常处理)的整数计算器,可以完成加、减、乘、除 4 种算术运算。要求根据抛出的异常的不同数据类型来处理不同的异常。

注意本题与题 12.3、题 12.5 的区别。

题 12.5　计算器类的设计与实现(异常处理机制 2)。设计一个简单的 0～100(数据合法性检查:超出这个范围要有异常处理,操作符不是+、-、*、/要有异常处理,被 0 除也要有异常处理)的整数计算器,可以完成加、减、乘、除 4 种算术运算。要求根据抛出的异常的不同对象类型来处理不同的异常。

注意本题与题 12.3、题 12.4 的区别。

题 12.6　三角形类设计与实现 2。设计一个三角形类,其三边从键盘输入。如果不符合三角形三边条件,要进行异常处理;如果符合三角形三边条件,则进行面积计算并输出。

(1) 判断三边是否构成三角形的条件是任意两边之和都大于第三边。

(2) 任意三角形面积计算公式:已知三角形三边 a、b、c,设 p,则面积 S 用下式计算:

$$S^2 = p(p-a)(p-b)(p-c)$$

注意:本题与题 3.6 的区别是增加了异常处理。

输入

3 4 5

输出

6

题 12.7 读程序写结果。

```
#include <iostream>
using namespace std;
int fun(int);
int Array[] ={1,2,3,4,5};
int main()
{   try {
        cout <<"Array[1] ="<<fun(1)<<endl;
        cout <<"Array[10] ="<<fun(6)<<endl;
        cout <<"Array[3] ="<<fun(4)<<endl;
    }
    catch(int)
    {  cout <<"Subscription is out of range"<<endl;  }
    return 0;
}
int fun(int i)
{   if (i >=5) throw i;
    return Array[i];
}
```

附录A
模拟试卷

模拟试卷1

本试卷适合封装(第1～5章)学完后测试练习。

一、选择题(本题共10小题,每小题2分,共20分)

1. cin、cout是(　　)。

A. 函数　　B. 对象　　C. 类　　D. 变量

2. 下列关于设置参数默认值的描述中正确的是(　　)。

A. 不允许设置参数的默认值

B. 参数默认值只能在定义函数时设置

C. 设置函数默认值时,应先设置右边的再设置左边的

D. 设置函数默认值时,应该全部参数都设置

3. (　　)不是构造函数的特征。

A. 构造函数的函数名与类名相同　　B. 构造函数可以重载

C. 构造函数可以设置默认参数　　D. 构造函数必须指定类型的说明

4. 定义类的对象时,系统自动调用(　　)。

A. 友元函数　　B. 成员函数　　C. 构造函数　　D. 析构函数

5. 类中数据成员和成员函数的默认访问权限是(　　)。

A. 公有　　B. 私有　　C. 保护　　D. 静态

6. 在一个函数中,要求通过函数实现一种不太复杂的功能,并且要求加快运行速度,应该选用(　　)。

A. 内联函数　　B. 重载函数　　C. 递归调用　　D. 嵌套调用

7. 两个函数若要重载,下面说法中不正确的是(　　)。

A. 函数名相同　　B. 形参个数和类型不同

C. 形参个数和类型可都相同　　D. 形参个数相同但类型不同

8. 下面关于成员函数特征的描述中错误的是(　　)。

A. 成员函数一定是内联函数　　B. 成员函数可以重载

C. 成员函数可以设置默认参数　　D. 成员函数可以是静态的

9. 下面的选项中不属于面向对象特征的是(　　)。

A. 继承　　B. 封装　　C. 集成　　D. 多态

10. 有下面的定义:

```
class Circle
{
public:
    void fun();
private:
    double r;
};
```

如果在定义函数 fun 时用到 r 的值，那么正确的使用方法是(　　)。

A. 需要使用->符号　　B. 需要使用.符号

C. 需要使用::符号　　D. 直接使用，不需要任何符号

二、判断题(本题共10小题，每小题1分，共10分)

1. 说明或定义对象时，类名前面不需要加 class 关键字。
2. C++语言中 class 定义的类中默认的访问权限是私有。
3. 文本文件是将内存中的数据存储不加转换地保存得到的文件。
4. 在设置了参数默认值后，调用函数时对应实参就必须省略。
5. 返回值类型、参数个数和类型都相同的函数也可以重载。
6. 所谓私有成员是指只有类中所提供的成员函数才能直接访问它们，程序的其他部分对它们直接访问都是非法的。
7. 析构函数能重载。
8. 静态成员函数只能引用属于该类的静态数据成员或静态成员函数。
9. 只要定义对象就会调用一次构造函数。
10. 作用域运算符::只能用来限定成员函数所属的类。

三、程序分析题(本题共5小题，每小题5分，共25分)

1. 阅读下面的程序，写出输出结果。

```
#include <iostream>
using namespace std;
class Rectangle
{
private:
    int length,width;
public:
    void Print()
    {  cout<<length<<","<<width<<endl;  }
    Rectangle(int l=0,int w=0)
    {  length=l; width=w;  }
};
int main()
{   Rectangle x1,x2(20,15);
    x1.Print();
    x2.Print();
    return 0;
```

```
}
```

2. 阅读下面的程序,写出输出结果。

```
#include <iostream>
using namespace std;
class circle
{
public:
    circle(double r){  m_r=r;  }
    int GetRadius(){  return m_r;  }
private :
    double m_r;
};
int main()
{   circle a(15),b(10);
    if(a.GetRadius()>b.GetRadius())
        cout<<3.14*a.GetRadius()*a.GetRadius()-3.14*b.GetRadius()*b.
            GetRadius()<<endl;
    else
        cout<<"Error"<<endl;
    return 0;
}
```

3. 阅读下面的程序,写出输出结果。

```
#include <iostream>
using namespace std;
class A
{
    double total,rate;
public:
    A(double t,double r){  total=t; rate=r;  }
    friend double Count(A &a)
    {   a.total+=a.rate*a.total;
        return a.total;
    }
};
int main()
{   A a1(160.6,0.64), a2(76.8,0.6);
    cout<<Count(a1)<<endl<<Count(a2)<<endl;
    return 0;
}
```

4. 阅读下面的程序,写出输出结果。

```
#include <iostream>
using namespace std;
```

```
class A
{
    int a,b;
public:
    A();
    A(int i,int j);
    A(A &r);
    void print();
};
A::A()
{   a=b=0;
    cout<<"调用无参构造函数!\n";
}
A::A(int i,int j)
{   a=i;b=j;
    cout<<"调用带参构造函数!\n";
}
A::A(A &r)
{   a=r.a; b=r.b;
    cout<<"调用复制构造函数!\n";
}
void A::print()
{  cout<<"a:"<<a<<",b:"<<b<<endl;  }
int main()
{   A m(6,8),n;
    m.print();
    n=m;
    n.print();
    return 0;
}
```

5. 阅读下面的程序,写出输出结果。

```
#include <iostream>
using namespace std;
class base
{
public:
    static int color[3];
    void setcolor(int c[3])
    {   for(int i=0;i<3;i++)
        color[i]=c[i];
    }
    void showcolor()
    {   for(int i=0;i<3;i++)
            cout<<color[i];
```

```
        cout<<endl;
    }
};
int base::color[3]={192,192,192};
void print()
{
    for(int i=0;i<3;i++)
        cout<<base::color[i]<<",";
    cout<<endl;
}
int main()
{
   print();
   base::color[0]=255;
   base::color[1]=0;
   base::color[2]=255;
   print();
   base b1;
   int b[3]={255,255,255};
   b1.setcolor(b);
   print();
   return 0;
}
```

四、程序问答题(本题共 5 问,每问 3 分,共 15 分)

以下程序段的功能是显示"学院名: 计信学院,排名: 10,竞赛: 86.5",请填空并回答问题。

```
#include <iostream>
using namespace std;
class academy
{
public:
    void output();
    void set(char * p,int i,float x)
    {  strcpy(name,p); rank=i; score=x;  }
private:
    char name[8];                                       //学院名
    int rank ;                                          //排名
    float score;                                        //竞赛成绩
};
void academy::output()
{
    cout<<"学院名:"<<name<<","<<"排名:"<<rank<<","<<"竞赛成绩:"<<score <<endl;
}
int main()
```

```
{
    ________(1)________;                    //定义对象
    ________(2)________;                    //设置数据
    ________(3)________;                    //输出数据
    return 0;
}
```

(4) 若要将竞赛排名修改为1,其他数据不变,请问在何处添加代码?如何写代码?

(5) 若要为academy类增加getrank成员函数用于返回竞赛排名,请问在何处添加代码?如何写代码?

五、编程题(本题共3小题,每小题10分,共30分)

1. 以面向对象的概念重写下面的程序,并画出该类的UML类图。

```
#include <iostream>
using namespace std;
void DoDraw(int num,char c)
{   int i;
    for(i=1;i<=num;i++)
        cout<<c;
    cout<<endl;
}
int main()
{   DoDraw(5,'*');
    return 0;
}
```

2. 一个系统中有两个灯泡(Light类对象)和一台电视(TVset类对象),这两个类都有耗电量(Watts)属性,实现上述两个类。在main函数中生成这些对象,并根据它们的耗电量计算总瓦数。提示:有多种实现方法,采用其中一种方法即可。

```
#include <iostream>
using namespace std;
class Light
{   int Watts;

};                                          //补充完整
class TVsets
{   int Watts;

};                                          //补充完整
int main()
{   light b1(4000),b2(500);
    TVsets c(1000);
    ____________________                    //计算耗电量总瓦数
    return 0;
}
```

3. 有3个学生数据，包括学号、姓名、成绩，编写程序输出这些学生数据并计算成绩平均分，如main函数所示。请设计一个学生类Stud，除了包括no(学号)、name(姓名)和deg(成绩)数据成员外，还有两个静态私有成员sum和num，分别存放总分和人数，另有一个普通成员函数disp用于输出数据成员的值，一个静态成员函数avg用于计算平均分。要求画出Stud类的UML类图，并补充Stud类的代码。

```
int main()
{   Stud s1(1,"wang",95.5),s2(2,"qing",81.0),s3(3,"liu",77.0);
    s1.disp(); s2.disp(); s3.disp();
    cout<<"平均分是"<<Stud::avg()<<endl;
    return 0;
}
```

模拟试卷2

本试卷适合全部学完后测试练习。

一、选择题(本题共10小题，每小题2分，共20分)

1. 数据封装是将数据和与数据有关的操作组装在一起，这个实体叫(　　)。
   A. 类　　B. 对象　　C. 函数　　D. 引用
2. 以下关于类和对象的说法不正确的是(　　)。
   A. 对象是类的一个实例
   B. 一个类只能定义一个对象
   C. 一个对象只能属于一个具体的类
   D. 类和对象的关系相当于数据类型和变量的关系
3. 构造函数被自动调用的情况是在定义该类的(　　)。
   A. 对象引用时　　B. 对象指针时　　C. 对象时　　D. 都对
4. 一个类的所有对象共享的是(　　)。
   A. 私有数据成员　　B. 公有数据成员　　C. 保护数据成员　　D. 静态数据成员
5. 下面选项中不属于成员函数的是(　　)。
   A. 静态成员函数　　B. 友元函数　　C. 构造函数　　D. 析构函数
6. 下面选项中函数定义格式错误的是(　　)。
   A. int func(int a, int b, int c=10);
   B. int func(int a=10, int b, int c);
   C. int func(int a=10, int b=10, int c=10);
   D. int func(int a, int b=10, int c=10);
7. 在公有派生情况下，以下有关派生类对象和基类对象关系的叙述中错误的是(　　)。
   A. 派生类对象可以赋值给基类对象
   B. 派生类对象可以初始化基类的引用
   C. 派生类对象可以直接访问基类中的成员
   D. 派生类对象地址可以赋给指向基类的指针

8. 以下有关运算符重载的叙述正确的是(　　)。

A. 运算符重载是多态性的一种表现

B. 通过运算符重载可以创造新的运算符

C. 所有的运算符都可以作为友元函数重载

D. 重载时运算符可以改变结合性和优先级

9. 下面选项中关于虚函数的叙述错误的是(　　)。

A. 虚函数是基类中定义的

B. 需要在派生类中重写

C. 虚函数是实现动态联编的基础

D. 通过基类对象来调用虚函数,进而实现动态联编

10. 基类和派生类可以分别称为(　　)。

A. 大类和小类　　B. 父类和子类　　C. 小类和大类　　D. 子类和父类

二、判断题(本题共10小题,每小题1分,共10分)

1. 类的实例化是指创建类的对象。

2. 说明或定义对象时,类名前面不需要加class关键字。

3. 多继承中派生类构造函数的执行顺序取决于定义派生类时所指定的各基类的顺序。

4. 参数的个数和参数的类型都相同,只是返回值不同,这不是重载函数。

5. 动态联编是在编译时选定调用的成员函数。

6. 虚函数的本质不是重载而是覆盖。

7. 在单继承情况下,派生类中对基类成员的访问也会出现二义性。

8. 析构函数是一种函数体为空的成员函数。

9. 对于私有成员来说,只有类中所提供的成员函数才能直接访问它们,程序的其他部分对它们直接访问都是非法的。

10. 预定义的提取符和插入符是可以重载的。

三、程序分析题(本题共5小题,每小题5分,共25分)

1. 阅读下面的程序,写出输出结果。

```
#include<iostream>
using namespace std;
class rectangle{
private:
    int length,width;
public:
    rectangle(int R_l=2,int R_w=1);
    void print();
};
rectangle::rectangle(int R_l,int R_w)
{  length=R_l;  width=R_w;  }
void rectangle::print()
{  cout<<length*width<<endl;  }
int main()
```

```
{   rectangle r1,r2(5,10);
    r1.print( );
    r2.print( );
    return 0;
}
```

2. 阅读下面的程序,写出输出结果。

```
#include <iostream>
using namespace std;
class B
{
protected:
    int i;
    void print( ) {  cout<<i<<" in B"<<endl;  }
};
class D:public B
{
    int i;
public:
    D( ){  B::i=4;  i=5;  }
    void print( ){  cout<<i <<" in D B::i "<<B::i<<endl;  }
};
int main( ){
    D h;
    h.print( );
    return 0;
}
```

3. 阅读下面的程序,写出输出结果。

```
#include <iostream>
using namespace std;
class animal                              //定义基类 animal
{
public:
    virtual void breathe()                //定义成员函数
    {  cout<<"animal breathe"<<endl;  }
};
class fish:public animal                  //定义 animal 的公有派生类 fish
{
public:
    void breathe()                        //定义同名成员函数
    {  cout<<"fish bubble"<<endl;  }
};
int main()
{   fish fh;
```

```
    animal &An=fh;
    An.breathe();
}
```

4. 阅读下面的程序,写出输出结果。

```
#include <iostream>
using namespace std;
class Point
{   double x,y;
public:
    Point(double i=0,double j=0)
    {  x=i; y=j;  }
    void Show()
    {  cout<<"("<<x<<","<<y<<")"<<endl;  }
};
class Line
{   Point  pt1,pt2;
public:
    Line(Point &a,Point &b):pt1(a),pt2(b)
    {  }
    void Show();
};
void Line::Show()
{   pt1.Show();
    pt2.Show();
}
int main()
{   Point p1(3,3),p2(2,4);
    Line xd(p1,p2);
    xd.Show();
    return 0;
}
```

5. 阅读下面的程序,写出输出结果。

```
#include <iostream>
using namespace std;
int fun(int d)
{   if (d<0) throw 1;
    return d;
}
int main()
{   int a[5]={1,2,3,-5,6},i;
    try {
        for(i=0;i<5;i++)
        cout <<fun(a[i])<<endl;
```

```
    }
    catch(int)
    {  cout<<"负数没有平方根"<<endl;  }
    return 0;
}
```

四、程序问答题(本题共5问,每问3分,共15分)

以下程序段的功能是显示书的作者、书名、借出状态;根据要求填空并回答问题。

```
#include <iostream>
using namespace std;
class book
{
public:
    void book_disp( );
    void set(string au,string booktitle, int bst)
    {  author=au; title=booktitle; book_status=bst;  }
private:
    string author, title;            //作者名和书名
    int book_status;                 //书是否借出的状态标识,1表示借出,0表示没借出
};
void book::book_disp( )
{
    cout<<"作者:"<<author<<","<<"书名:"<<title<<","<<"借出否:";
    ________(1)________;             //根据book_status值情况输出借出或没借出
}
int main( ){
    ________(2)________;             //定义对象,对象名任意
    ________(3)________;             //设置数据,数据取值任意
    ________(4)________;             //显示信息
    return 0;
}
```

(5) 若要为book类增加gettitle成员函数用于返回书名,应在何处添加代码?代码如何写?

五、编程题(本题共3小题,每小题10分,共30分)

1. 以面向对象的概念建立一个Date类,属性有年、月、日,方法有构造函数、输出函数。主函数如下,请写出适应该主函数的相应类。

```
int main( )
{   Date x(2015,11,30);
    x.show();
    return 0;
}
```

2. 要求定义一个三维图形类(ThreeDimensionShape),包含体积与面积函数。在该类基础上派生长方体(Cuboid),然后用虚函数机制测试动态联编。

3. 设家具类属性有家具类型、家具材料、家具价格，沙发类属性有沙发类型、沙发材料、沙发价格以及座位数(默认为3)，编程建立上述两个类，并在main函数中创建两个沙发对象，计算并输出沙发共能坐几个人。

模拟试卷3

本试卷适合全部学完后测试练习。

一、选择题(本题共10小题，每小题2分，共20分)

1. 派生类不能访问(　　)的基类的成员。

A. 友元函数　　B. 私有函数　　C. 公有函数　　D. 保护函数

2. 使用cin和cout必须包含的头文件是(　　)。

A. iostream　　B. ios　　C. istream　　D. fstream

3. 采用函数重载的目的在于(　　)。

A. 实现共享　　B. 减少空间

C. 提高速度　　D. 使用方便，提高可读性

4. 在下列关键字中，用以说明类中公有成员的是(　　)。

A. public　　B. private　　C. protected　　D. friend

5. 作用域运算符::的功能是(　　)。

A. 标识作用域的级别　　B. 指出作用域的范围

C. 给定作用域的大小　　D. 标识某个成员属于哪个类

6. 下面选项中(　　)不是构造函数特征。

A. 构造函数的函数名与类名相同　　B. 构造函数可以重载

C. 构造函数可以设置默认参数　　D. 构造函数必须指定类型的说明

7. 下述静态成员的特征中错误的是(　　)。

A. 说明静态数据成员时前边要加修饰符static

B. 静态数据成员要在类体外初始化

C. 引用静态数据成员时，要在静态数据成员前加“类名::”

D. 静态数据成员不是所有对象共有的

8. 设置虚基类的目的是(　　)。

A. 简化程序　　B. 消除二义性　　C. 提高运行效率　　D. 减少目标代码

9. 下面对于派生类的描述中错误的是(　　)。

A. 一个派生类可以作为另一个派生类的基类

B. 派生类至少有一个基类

C. 派生类的成员除了它自己的成员外，还包括了它的基类的成员。

D. 派生类中从基类继承的成员，其访问权限保持不变

10. 以下关于定义重载函数的要求中错误的是(　　)。

A. 要求参数的个数不同

B. 要求参数中至少有一个类型不同

C. 要求参数的个数相同时，参数类型不同

D. 要求函数的返回值不同

二、判断题(本题共10小题,每小题1分,共10分)

1. 静态联编是在编译时选定调用的成员函数。
2. 抽象类必须带有纯虚函数。
3. 在设置了参数默认值后,调用函数时对应的实参就必须省略。
4. 派生类是从基类派生出来的,它不能再生成新的派生类。
5. 在说明语句 int a=5,&b=a,*p=&a;中,b的值和*p的值是相等的。
6. 返回值类型、参数个数和类型都相同的函数也可以重载。
7. 多数运算符可以重载,个别运算符不能重载。
8. 构造函数没有返回值。
9. 派生类的继承方式只有两种:公有继承和私有继承。
10. 硬件故障也可以当作异常抛出。

三、程序分析题(本题共5小题,每小题5分,共25分)

1. 阅读下面的程序,写出输出结果。

```
#include <iostream>
#include <fstream>
using namespace std;
class rectangle{
    int length,width;
public:
    rectangle(int R_l=2,int R_w=1)
    {  length=R_l;  width=R_w;  }
    void output()
    {  ofstream outfile("a.txt");
       if(!outfile)
           cout <<"文件打开失败!"<<endl;
       outfile<<length<<","<<width<<","<<length*width<<endl;
       outfile.close();
    }
};
int main( )
{   rectangle r(5,10);
    r.output( );
    return 0;
}
```

2. 阅读下面的程序,写出输出结果。

```
#include <iostream>
using namespace std;
class circle
{
public:
```

```
    circle(int r){  m_r=r;  }
    int GetRadius(){  return m_r;  }
    void SetRadius(int a){  m_r=a;  }
private:
    int m_r;
};
class B:public circle
{
public:
    B(int a,int h):circle(a) {  m_Height=h;  }
    double calV(){  return 3.14 * GetRadius() * GetRadius() * m_Height;  }
private:
    int m_Height;
};
int main()
{   B b1(1,10),b2(10,1);
    cout<<b1.calV()<<endl;
    cout<<b2.calV()<<endl;
    return 0;
}
```

3. 阅读下面的程序，写出输出结果。

```
#include <iostream>
using namespace std;
class base
{
public:
    void f(){  cout<<"base"<<endl;  }
};
class derived:public base
{
public:
    void f(){  cout<<"derived"<<endl;  }
};
int main()
{   derived d;
    base *p;
    p=&d;
    p->f();
    d.f();
    return 0;
}
```

4. 阅读下面的程序，写出输出结果。

```
#include <iostream>
```

```
#include <cstring>
using namespace std;
class CHard
{
public:
    CHard(char * bn)
    {  strcpy(bodyname,bn);  }
    CHard(CHard& h)
    {  strcpy(bodyname,h.bodyname);  }
    void Disp()
    {  cout<<"Bodyname:"<<bodyname<<endl;  }
protected:
    char bodyname[24];
};
class CSoft
{
public:
    CSoft(char * s,char * l)
    {  strcpy(os,s);  strcpy(lang,l);  }
    CSoft(CSoft& s)
    {  strcpy(os,s.os );strcpy(lang,s.lang );  }
    void Disp()
    {  cout<<"OS:"<<os<<endl; cout<<"Language:"<<lang<<endl;  }
protected:
    char os[24],lang[16];
};
class CSystem
{
public:
    CSystem(CHard& hard,CSoft& soft,char * own):h(hard),s(soft)
    {  strcpy(owner,own);  }
    void Disp()
    {  h.Disp();s.Disp();cout<<"Owner:"<<owner<<endl;  }
private:
    CHard h;
    CSoft s;
    char owner[16];
};
int main()
{   CHard x("华硕");
    CSoft y("Windows 10","C");
    CSystem s(x,y,"小明");
    s.Disp();
    return 0;
}
```

5. 阅读下面的程序,写出输出结果。

```
#include <iostream>
using namespace std;
class ZExcep
{
public:
    ZExcep (): message ("异常成绩!") {}
    const char * GetMessage () {  return message;  }
private:
    const char * message;
};
int js(int d)
{   if (d<60||d>100) throw ZExcep();
    return d;
}
int main ()
{   int a[6]={90,80,70,60,50,100},i;
    try {   for(i=0;i<6;i++)
                cout<<js(a[i])<<endl;
    }
    catch (ZExcep &ex)
    {  cout<<ex. GetMessage()<<endl;  }
    return 0;
}
```

四、运用题(本题共5问,每问3分,共15分)

```
#include <iostream>
#include <string>
using namespace std;
class animal
{
public:
    virtual void speak( )=0;
};
class cat:public animal
{
public:
    void speak( ) {  cout<<"cat miao"<<endl;  }
};
class dog:public animal
{
public:
    void speak( ){  cout<<"dog wang"<<endl;  }
    string getname( )  {  return name;  }
```

```
    dog(string x="ahuang") {  name=x;  }
private:
    string name;
};
int main()
{   cat c;
    dog d;
    animal * An=&c;
    An->speak();
    An=&d;
    An->speak();
    //cout<<An->getname()<<endl;
    return 0;
}
```

(1) 类 animal、类 cat、类 dog 之间是什么关系?

(2) 类 animal 和类 cat 都定义了成员函数 speak,这种现象称为什么?

(3) 本程序输出结果是什么?

(4) main 函数中两个 An->speak();输出结果一样吗?为什么?

(5) 删除画线部分的注释符//,是否可以执行该语句?为什么?

五、编程题(本题共 3 小题,每小题 10 分,共 30 分)

1. 按要求编写程序,并画出机动车类的类图。

(1) 创建一个叫作机动车的类,数据成员有车牌号(String)、时速(int)、最大时速、载重量(double)、最大载重量,成员函数包括加速(增加值,超过最大时速要给出处理提示)、减速(减少值,减少为负数给出处理提示)、修改载重量(如果超过最大载重量或者载重量为负要给出处理提示)、输出车辆信息(输出所有数据成员信息)、一个无参构造函数(将车牌号设置为 XX1234,最大时速设置为 100,时速设置为 0,最大载重量设置为 100,载重量为 0)、另一个带参构造函数(为对象的所有属性赋初值)。

(2) main 函数中创建两个机动车对象。创建第一个对象时调用无参构造函数,并调用成员函数修改载重量为 80,并使其加速 15。创建第二个对象时调用带参的构造函数,初始设置车牌为“京 B5086”,时速为 50,载重为 200,并让其减速 10。输出两辆车的所有信息。

2. 有一个抽象类 Shape,具有 draw 方法。Round 类继承于 Shape 类,重写了 Shape 的 draw 方法用来画圆(输出画圆提示),新增数据成员半径。Line 类继承于 Shape 类,重写了 Shape 的 draw 方法用来画直线(输出画直线提示),新增数据成员起点和终点坐标。编写程序完成上述类设计以及在 main 中进行动态联编测试。

3. 编写程序,设计一个汽车类 Vehicle,包含数据成员车轮个数 wheels 和车重 weight。小车类 Car 是 Vehicle 类的派生类,其中包含载人数 passenger。卡车类 Truck 是 Vehicle 类的派生类,其中包含载人数 passenger 和载重量 payload。每个类都有相关数据的输出方法。本题可以不写 main 函数测试代码。

模拟试卷 4

本试卷适合全部学完后测试练习。

一、选择题(本题共35小题,每小题2分,共70分)

1. 定义类的对象时,系统自动调用的函数是(　　)。
   A. 构造函数　　B. 虚函数　　C. 析构函数　　D. 成员函数
2. 下面关于对象的描述中错误的是(　　)。
   A. 对象代表着正在创建的系统中的一个实体
   B. 对象是一个状态的操作(或方法)的封装体
   C. 对象之间的信息传递是通过消息进行的
   D. 对象就是C语言中的结构体变量
3. 下面关于类概念的描述中错误的是(　　)。
   A. 类就是C语言中的结构类型
   B. 类是具有共同行为的若干对象的统一描述体
   C. 类是抽象数据类型的实现
   D. 类是创建对象的样板
4. 已知int m=10,下面表示引用的方法中正确的是(　　)。
   A. float &t=&m;　B. int &x=m;　C. int &z;　D. int &y=10;
5. 下列关于纯虚函数和抽象类的描述中错误的是(　　)。
   A. 抽象类是指具有纯虚函数的类
   B. 纯虚函数是一种特殊的虚函数,它没有具体的实现部分
   C. 抽象类只能作为基类来使用,其纯虚函数的实现部分由派生类给出
   D. 一个基类中说明是纯虚函数,该基类的派生类一定不再是抽象类
6. (　　)不是重载函数在调用时选择的依据。
   A. 参数类型　　B. 函数名字　　C. 参数个数　　D. 函数的类型
7. 采用函数重载的目的是(　　)。
   A. 实现共享　　B. 减少空间
   C. 使用方便,提高可读性　　D. 提高速度
8. 在下列关键字中,用以说明类中公有成员的是(　　)。
   A. public　　B. friend　　C. private　　D. protected
9. 下列各类函数中不是类的成员函数的是(　　)。
   A. 友元函数　　B. 析构函数　　C. 构造函数　　D. 复制构造函数
10. 作用域运算符的功能是(　　)。
    A. 给定作用域的大小　　B. 标识作用域的级别
    C. 指出作用域的范围　　D. 标识某个成员属于哪个类
11. (　　)不是构造函数的特征。
    A. 构造函数可以重载　　B. 构造函数可以设置默认参数
    C. 构造函数必须指定类型的说明　　D. 构造函数的函数名与类名相同

12. (　　)是析构函数的特征。

A. 析构函数的定义只能在类体内　　B. 一个类中只能定义一个析构函数

C. 析构函数名与类名不同　　D. 析构函数可以有一个或多个参数

13. 通常复制构造函数的参数是(　　)。

A. 某个对象的指针名　　B. 某个对象的引用名

C. 某个对象名　　D. 某个对象的成员名

14. 关于成员函数特征,下述描述中错误的是(　　)。

A. 成员函数可以是静态的　　B. 成员函数一定是内联函数

C. 成员函数可以重载　　D. 成员函数可以设置默认参数

15. (　　)不是静态成员的特征。

A. 引用静态数据成员时,要在静态数据成员名前加类名和作用域运算符

B. 静态数据成员不是所有对象共有的

C. 静态数据成员要在类体外初始化

D. 说明静态数据成员时前边要加修饰符 static

16. 已知类 A 中一个成员函数说明为 void Set(A &a);,其中 A &a 的含义是(　　)。

A. a 是类 A 的对象地址,用来作函数 Set 的形参

B. 将 a 的地址值赋给变量 Set

C. 指向类 A 的指针为 a

D. a 是类 A 的对象引用,用来作函数 Set 的形参

17. 下列描述中属于抽象类的特性的是(　　)。

A. 可以定义友元函数　　B. 不能说明其对象

C. 可以说明虚函数　　D. 可以进行构造函数重载

18. 已知 print 函数是一个类的常成员函数,它无返回值,下列表示中正确的是(　　)。

A. const void print( );　　B. void const print( );

C. void print(const);　　D. void print( ) const;

19. 以下关于 new 运算符的描述中错误的是(　　)。

A. 使用它创建对象数组时必须指定初始值

B. 使用它创建的对象或对象数组应使用运算符 delete 删除

C. 使用它创建对象时要调用构造函数

D. 它可以用来动态创建对象和对象数组

20. 以下关于 delete 运算符的描述中错误的是(　　)。

A. 对同一个动态对象可以多次使用该运算符

B. 它也适用于空指针

C. 它必须用于 new 返回的指针

D. 指针名前只用一对方括号符,不管所删除数组的维数

21. 下面对于派生类的描述中错误的是(　　)。

A. 一个派生类可以作为另一个派生类的基类

B. 派生类至少有一个基类

C. 派生类的成员除了它自己的成员外,还包括它的基类的成员

D. 派生类中从基类继承的成员,其访问权限保持不变

22. 派生类对象可以访问的基类成员是(　　)。

A. 私有继承的公有成员　　B. 公有继承的公有成员

C. 公有继承的私有成员　　D. 公有继承的保护成员

23. 以下关于基类和派生类的描述中错误的是(　　)。

A. 派生类是基类的组合　　B. 派生类是基类的子集

C. 派生类是基类的具体化　　D. 派生类是基类定义的延续

24. 以下关于多继承二义性的描述中错误的是(　　)。

A. 一个派生类的两个基类中都有某个同名成员,在派生类中对这个成员进行访问可能出现二义性

B. 一个派生类是从两个基类派生而来的,而这两个基类有一个共同的基类,对该基类成员进行访问时,也可能出现二义性问题

C. 解决二义性最常用的方法是用“类名::”指定成员名所属类。

D. 基类和派生类中出现的同名成员函数也存在二义性问题

25. 设置虚基类的目的是(　　)。

A. 提高运行效率　B. 简化程序　C. 减少目标代码　D. 消除二义性

26. 下列函数中不能重载的是(　　)。

A. 析构函数　B. 成员函数　C. 非成员.函数　D. 构造函数

27. 下列运算符中不能重载的是(　　)。

A. =　B. &&　C. [ ]　D. ::

28. 下列关于运算符重载的描述中正确的是(　　)。

A. 运算符重载可以改变结合规则　　B. 运算符重载不可以改变语法结构

C. 运算符重载可以改变优先级　　D. 运算符重载可以改变运算量的个数

29. 下列关于动态联编的描述中错误的是(　　)。

A. 动态联编是以虚函数为基础的

B. 动态联编调用多态函数时传递给它的是基类对象的指针或基类对象的引用

C. 动态联编在程序运行时确定所调用的函数代码块

D. 动态联编是在编译时确定调用某个函数的

30. 下列关于虚函数的描述中正确的是(　　)。

A. 虚函数是一个static类型的成员函数

B. 虚函数是一个非成员函数

C. 基类中的虚函数和其派生类中的虚函数具有不同的参数个数和类型

D. 基类中说明了虚函数后,其派生类中的对应函数可不必重新再说明

31. (　　)不是面向对象的基本特征。

A. 集成　B. 继承　C. 多态　D. 封装

32. 编译时的多态性获取方式是(　　)。

A. 内联函数　B. 友元函数　C. 重载函数　D. 虚函数

33. 使用cin和cout必须包含的头文件是(　　)。

A. fstream　B. istream　C. iostream　D. ios

34. 派生类中成员函数不能访问的基类的成员是(　　)。

A. 友元函数　　B. 私有函数　　C. 公有函数　　D. 保护函数

35. cin、cout 是(　　)。

A. 函数　　B. 变量　　C. 对象　　D. 类

二、判断题(本题共50小题,每小题1分,共50分)

1. 运算符必须重载为类的成员函数。
2. 二进制文件是将内存中的数据存储不加转换地保存得到的文件。
3. 构造函数和析构函数都可以显式调用。
4. 抽象类能够直接创建对象。
5. 对引用的操作实质上就是对被引用的变量的操作。
6. 在设置了参数默认值后,调用函数时对应的实参就必须省略。
7. 多数运算符可以重载,个别运算符不能重载。
8. 构造函数可以被继承。
9. 使用关键字 class 定义的类中默认的访问权限是私有。
10. 派生类能够使用基类的所有成员函数。
11. 抽象类必须含有纯虚函数。
12. 动态联编是在运行时选定所调用的成员函数。
13. 析构函数是一种函数体为空的成员函数。
14. 虚函数是用 virtual 关键字说明的成员函数。
15. 构造函数不能重载。
16. 使用内联函数是以增大空间开销为代价的。
17. 返回值类型、参数个数和类型都相同的函数可以重载。
18. 析构函数不能重载。
19. 说明或定义对象时,类名前面不需要加 class 关键字。
20. 对于私有成员来说,只有类中所提供的成员函数才能直接访问它们,程序的其他部分对它们直接访问都是非法的。
21. 如果一个成员函数只需要存取类的静态数据成员,可将该成员函数说明为静态成员函数。
22. 用对象引用作函数参数比用对象更好些。
23. 对象数组的元素可以是不同类的对象。
24. C++ 中,既允许单继承,也允许多继承。
25. 派生类是从基类派生出来的,它不能再生成新的派生类。
26. 派生类的继承方式只有两种:公有继承和私有继承。
27. 在公有继承中,基类中的公有成员和私有成员在派生类作用域内都是可见的。
28. 在公有继承中,派生类对象可以访问基类的公有成员。
29. 在私有继承中,派生类对象可以访问基类的公有成员。
30. 在私有继承中,基类中所有成员对派生类的对象都是不可见的。
31. 派生类是一个或多个基类的组合。
32. 在多继承情况下,派生类构造函数的执行顺序取决于定义派生类时所指定的各基类的顺序。

33. 在单继承情况下,派生类中对基类成员的访问也会出现二义性。

34. 虚基类只用于解决多继承中二义性问题。

35. 重载函数可以带默认值的参数,但是要注意二义性。

36. 单目运算符重载为友元函数,应说明一个形参,重载为成员函数时,不能显式说明形参。

37. 重载运算符保持原运算符的优先级和结合性不变。

38. 构造函数说明为纯虚函数是没有意义的。

39. 预定义的提取符和插入符是可以重载的。

40. cin/cout 是标准流类对象。

41. 继承是动态联编的基础,虚函数是动态联编的关键。

42. 虚函数的本质不是重载而是覆盖。

43. 在文本文件方式下数据存取需要进行字符转换。

44. 构造函数不能是虚函数,析构函数可以是虚函数。

45. 运行时多态性通常使用虚函数。

46. 编译时多态性通常使用重载函数。

47. 对每个可重载的运算符来说,它既可以重载为友元函数,又可以重载为成员函数。

48. 编译错误属于异常,可以抛出。

49. 硬件故障也可以当作异常抛出。

50. 异常就是程序运行过程中发生的错误。

附录B 初学者常见问题

除了自己亲身尝试以外，观察和学习别人解决问题的过程也是获取编程经验的有效途径。

B.1 编程问题

1. 函数返回值类型

问：return 后面的 float 一定需要吗，它有什么用？例如：

```
float GetAverage(STUSCORE one)                    //计算平均成绩
{   return (float)((one.fScore[0] +one.fScore[1] +one.fScore[2])/3.0);   }
```

答：这是为了避免出现警告，可以省略。因为函数的返回值是 float 类型，而计算平均成绩的表达式值是 double 类型，执行到 return 时会给出一个警告。如果加上 float 将类型强制转换为 float，与函数类型就匹配了。

2. 字符输出问题

问：为什么 cout<<'A'+s%26-1;输出的是数字而不是字符，但是 char b='A'; b=s%26+b-1; cout<<b;输出的就是字符？

答：表达式值是 int 类型，因为 cin 没有格式控制符，表达式中有字符，也有整数，就会自动转换为 int 类型才能计算。如果想输出字符，就需要将类型强制转换为 char，即 cout<<char('A'+s%26-1);，这样就能输出字符了。

3. 日期类设计

问：下面的代码错哪了？

```
#include <iostream>
using namespace std;
class Date{
private:
    int year;
    int month;
    int day;
public:
    bool IsLeapYear(int x);
    void Print(Date x);
};
bool Date::IsLeapYear(int x)
```

```
{  return (x%4==0&&x%100!=0)||(x%400==0);  }
void Date::Print(Date x)
{   cout<<"日期是"<<year<<'-'<<month<<'-'<<day<<endl;
    int r=IsLeapYear(year);
    if(r==1)
        cout<<"该年是闰年"<<endl;
    else
        cout<<"该年不是闰年"<<endl;
}
int main()
{   Date x;                                    //定义一个日期结构体变量
    int a,b,c;
    cin>>a>>b>>c;                              //从键盘输入年月日
    Print(x);                                  //通过普通函数调用,输出日期以及是否闰年
    return 0;
}
```

答：首先,Date 类中两个成员函数不需要参数,bool IsLeapYear(int x)；和 void Print(Date x);错了,因为类的成员函数可以直接访问该类的数据成员。其次,main 函数中 Print(x);函数调用错了,应该是"对象.成员函数"的形式。最后,虽然 main 函数中 cin>>a>>b>>c;输入了年月日给 a、b、c 变量,但是如何将 a、b、c 的值传递给私有数据成员？这里需要再定义一个公有的成员函数 set,通过参数传递,将 a、b、c 的值传给形参,再通过形参给私有数据成员赋值。

4. 长方形类设计

问：下面的代码错哪了？

```
#include<iostream>
using namespace std;
class Rectangle
{
public:
    Rectangle(int m=5,int n=3);
    Rectangle(int m,int n)
    {  a=m;b=n;  }
    void Print();
private:
    int a;
    int b;
};
void Rectangle::Print(int a,int b)
{  cout<<"长是"<<Rectangle::Print(a)<<",宽是"<<Rectangle::Print(b)<<endl;  }
```

答：cout<<"长是"<< Rectangle::Print(a)<<",宽是"<<Rectangle::Print(b)<<endl;有错。注意,虽然 print 函数在类外定义,但是该函数是类的成员函数,能直接访问数据成员 a、b 的值,不需要参数传递,即 cout<<"长是"<< a<<",宽是"<<b<<

endl;

5. 问候类设计之一

问：下面的代码错哪了？

```
#include<iostream>
#include<cstring>
using namespace std;
class HelloWorld
{   char a[10];
public:
    void set(char b[])
    {  strcpy(a,b);  }
    HelloWorld(char b[])
    {  strcpy(a,b);  }
    HelloWorld()
    {  string a="jsj16";  }
    void Show();
};
void HelloWorld::Show()
{  cout<<"Hello,"<<a<<endl;  }
int main()
{   char s[10];
    cin>>s;
    HelloWorld a(s),b;
    a.Show();
    b.Show();
    return 0;
}
```

答：HelloWorld(){ string a="jsj16"; }错了，没有实现对数据成员 a 的初始化，而是为另外定义的一个字符串对象 a 赋值了，注意这里的字符串对象 a 与数据成员 a 不是一回事。

应该是

```
HelloWorld()
{  strcpy(a,"jsj16");  }
```

6. 问候类设计之二

问：下面的代码错哪了？为什么在平台上会出现乱码呢？怎么修改才能正确？

```
#include <iostream>
#include <cstring>
using namespace std;
class HelloWorld
{
private:
```

```
        char d[10];
    public:
        void Show();
        HelloWorld(char n[])
        {  strcpy(d,n);  }
        HelloWorld()
        {  d[0]='j';d[1]='s';d[2]='j';d[3]='1';d[4]='6';  }
    };
    void HelloWorld::Show()
    {  cout<<"Hello,"<<d<<endl;  }
    int main()
    {   char s[10];
        cin>>s;
        HelloWorld a(s),b;
        a.Show();
        b.Show();
        return 0;
    }
```

答：HelloWorld(){ d[0]='j';d[1]='s';d[2]='j';d[3]='1';d[4]='6'; }有错，字符串没有结束标志。方法 1 是补上结束标志，即 d[5]='\0';。方法 2 是调用字符串复制函数，即

```
HelloWorld()
{  strcpy(d,"jsj16");  }
```

7. 问候类设计之三

问：下面的代码错哪了？

```
#include <iostream>
#include <cstring>
using namespace std;
class HelloWorld
{
public:
    void Set(char a[10]);
    void Show();
private:
    char name[10];
};
void HelloWorld::Show()
{   name="jsj16";
}
void HelloWorld::Set(char a[])
{   strcpy(name,a);                          //name=a,把 a 赋值给 name
}
void HelloWorld::Show()
```

```
{   cout<<"Hello,"<<name<<endl;
}
int main()
{   char s[10];
    cin>>s;
    HelloWorld a(s),b;
    a.Show();
    b.Show();
    return 0;
}
```

答：首先，HelloWorld a(s),b；定义了带参数的对象a，意味着必须定义构造函数。既然需要定义带参数构造函数，那么系统就不提供默认的无参构造函数，所以还需要定义无参构造函数。

其次，成员函数 void Show()；只需要定义一次即可，不能定义了一个对象就定义一个Show函数。所以需要删除一个Show函数的定义。

再次，用字符串常量给字符数组赋值时，同样也不能用=，而要用 strcpy(name, "jsj16")；。

最后，Set函数在main中没有调用，所以该类是否有无所谓，有不算错，没有也可以。

8. 三角形类设计

问：下面的代码错哪了？

```
#include <iostream>
#include <cstring>
#include<math.h>
using namespace std;
class Triangle
{   double a,b, c;
public:
    void ShowMe();
    void Set(double d,double e,double f){   a=d;b=e;c=f;   }
    Triangle(double m,double n,double t){   a=m;b=n;c=t;   }
};
void Triangle::ShowMe(){
    double p=0, s=0, c=0;
    p=(a+b+c)/2.0;
    s=sqrt(p*(p-a)*(p-b)*(p-c));
    c=a+b+c;
    cout<<"面积="<<s<<endl;
    cout<<"周长="<<c<<endl;
}
int main()
{   double a,b,c;
    cin>>a>>b>>c;                          //从键盘输入三边
    Triangle x(a,b,c);                     //定义一个三角形对象,带参数
```

```
    x.ShowMe();                                  //输出面积和周长
    cin>>a>>b>>c;                                //从键盘重新输入三边
    x.Set(a,b,c);                                //修改三边的值
    x.ShowMe();                                  //输出修改后的面积和周长
    return 0;
}
```

答：c=a+b+c;中的局部变量c与数据成员重复了，建议将数据成员起一个更复杂的名字，可以参考https://baike.so.com/doc/6118448-6331593.html。

9. 树类设计

问：下面的代码错哪了？

```
#include<iostream>
using namespace std;
class Tree
{
private:
    int ages;
public:
    Tree(int a);
    int grow(int years);
    void showage();
};
Tree::Tree(int a)
{  ages=a;  }
int Tree::grow(int years)
{  return(ages+years);  }
void Tree::showage()
{   cout<<"这棵树的年龄为"<<ages<<endl;
    cout<<"这棵树的年龄为"<<grow(4)<<endl;     //这里的grow函数如何控制值
}
int main()
{   Tree x(12),y;
    x.showage();
    y.showage();
    return 0;
}
```

答：main函数中Tree y定义的是一个无参的对象，而在类中没有给出无参构造函数定义，因此导致错误。注意，一旦定义了带参构造函数，默认的无参构造函数就不能被调用了，因此main函数中定义一个对象不带参数就出错了。如果再定义一个无参构造函数，或者将定义的构造函数改为带默认参数的，问题就解决了。例如，将Tree(int a);改为Tree(int a=0);。

10. 日期类构造函数的提示文本

问：Date类无参数构造函数和条件语句怎么写呢？

```
#include <iostream>
using namespace std;
class Date
{
private:
    int year,month,int day;
public:
    void Print()                    //输出
    {  cout<<"日期是"<<year<<"-"<<month<<"-"<<day<<endl;  }
    //在类中补充各个构造函数定义
    Date(int a,int b,int c) {  year=a;month=b;day=c;  }
    Date(){  }
};
void Date::Print()
{   if( )  cout<<"调用了带普通参数的构造函数"<<endl;
    else  cout<<"调用了无参构造函数"<<endl;
}
int main()
{   Date a1(2012,2,27);             //调用带普通参数的构造函数
    a1.Print();
    Date a2;                        //调用无参构造函数
    a2.Print();
    Date a3(a1);                    //调用默认复制构造函数,此句与 Date a3=a1;等价
    a3.Print();
    return 0;
}
```

答:定义两个构造函数,一个是无参数的,另一个是带参数的,完成相应的初始化,并输出提示文本。void Date::Print()函数中不需要用 if 判断,注意构造函数是创建对象时自动调用的,只要定义了构造函数,创建了对象,系统就会自动调用对应的构造函数。即

```
Date(int a,int b,int c)
{  year=a;month=b;day=c;此处写输出调用带参构造函数的提示文本}
Date()
{   此处有初始化和写输出调用无参构造函数的提示文本
}
```

另外,代码中已经给出了成员函数 Print 的定义,不需要在类外定义 Print 函数。

11. 构造函数与 Set 成员函数的区别

问:构造函数和 Set 函数怎么同时使用?

```
#include<iostream>
using namespace std;
class Time
{
private:
```

```
    int hour,minute,second;
public:
    Time(int x=0,int y=0,int z=0);
    Set(int x,int y,int z)
    {   hour=x;
        minute=y;
        second=z;
    }
    void Print();
};
void Time::Print()
{   cout<<"时间为"<<hour<<":"<<minute<<":"<<second<<endl;
    cout<<"转为"<<hour * 3600+minute * 60+second<<"秒"<<endl;
}
int main()
{   Time x;                          //定义并初始化一个无参对象 x
    x.Print();                       //输出 x 对象当前时间以及转化的秒数
    Time y(12,59,59);                //定义并初始化一个带参对象 y
    y.Print();                       //输出 y 对象当前时间以及转化的秒数
    x.Set(1,34,5);                   //修改 x 对象的私有数据成员的值
    x.Print();                       //输出 x 对象当前时间以及转化的秒数
    Time zyes;                       //调用默认复制构造函数(不用自己定义),将 y 对象的
                                     //值赋给 z 对象,等价于 Time z=y;
    z.Print();                       //输出 z 对象当前时间以及转化的秒数
    return 0;
}
```

答:从这个代码中可以体会构造函数与成员函数的区别。构造函数是定义对象时系统自动调用的,且只调用一次,一旦对象定义后,如果想修改成员的值,就只能通过成员函数 Set 完成了。

12. 电话簿类设计之一

问:下面的代码错哪了?

```
#include<iostream>
#include <string>
using namespace std;
class btbucodesheet
{   int num;
    string name;
public:
    btbucodesheet(int i,string k)
    {  num=i; name=k;  }
    int GetName()
    {  return num;  }
    string GetName()
```

```
    {  return name;  }
};
```

答：int GetName(){return num;}和 string GetName(){return name;}这两个成员函数的函数名一样。

另外，最好在 string 作为函数参数或者返回值类型时使用对象引用。例如：

```
btbucodesheet(int i,const string &k)
```

13. 电话簿类设计之二

问：电话簿类怎么输出姓名？

```
#include<iostream>
#include<string>
using namespace std;
class btbucodesheet
{   int a;
    char mz[10];
public:
    int GetNum(int aa,char [])
    {  a=aa;return a;  }
    char GetName(int aa,char s[])
    {  mz=s;return mz;  }
};
int main()
{   btbucodesheet Code[]=
                {btbucodesheet(11, "cailiao"),btbucodesheet(12, "caiji"),
                 btbucodesheet(13, "shang"),btbucodesheet(14, "jingji"),
                 btbucodesheet(15, "jixin"),btbucodesheet(16, "shipin"),
                 btbucodesheet(17, "lixueyuan"),btbucodesheet(18, "fama"),
                 btbucodesheet(19, "waiguoyu"),btbucodesheet(20, "yishuchuanmei"),
                 btbucodesheet(95, "gonghui"),btbucodesheet(96,"jiaowuchu"),
                 btbucodesheet(97,"renshichu"),btbucodesheet(98,"kejichu"),
                 btbucodesheet(99,"xiaoban")};
                                  //定义对象数组 Code 并初始化
    int i,a,f=0;                  //i 表示循环变量,a 表示要查找的编码
                                  //f 表示是否找到,默认为没有找到,即 0
    cin>>a;                       //输入要查找的编码
    for(i=0;i<15;i++)             //查找
    {  if(Code[i].GetNum()==a)    //找到,注意无参函数调用不要少了()
       {  f=1;
          cout<<Code[i].GetName()<<endl;
          break;
       }
    }
    if(f==0)                      //没有找到
       cout<<"没找到"<<endl;
```

```
    return 0;
}
```

答：成员函数可以直接取数据成员姓名或者电话号码，不需要参数。另外，对象数组的每个元素都有参数，因此需要定义带参数的构造函数。

```
int GetNum()
{   return a;                    //直接返回数据成员
}
string GetName()
{   return mz;                   //直接返回数据成员
}
```

此外，带参数的构造函数必须定义，即

```
btbucodesheet(int i,string k)
{  num=i; name=k;  }
```

问：不能直接在 int 和 string 类型的函数里赋值吗？

答：对于对象数组来说，没有元素就相当于对象，既然带参数，肯定需要定义参数的构造函数。代码中的两个成员函数带参数，就意味着你没有理解封装。数据成员与成员函数封装到类之后，成员函数直接取数据成员的值，类似 Show 函数直接输出，或者类似本例的 GetNum 和 GetName，相当于返回学号和姓名，不需要传参数进去。

问：可以用 void 修改数据，可是为什么 int 和 string 不行？

答：本例 get 函数不是修改数据成员，而是取数据成员的值。就像 Show 函数一样，输出数据成员，Show 函数肯定是无参的，原因是 Show 函数可直接取数据成员值进行输出。

问：可是在数据成员还没有值的情况下不是要先给它赋值吗？现在的数据成员是没有值的，这相当于修改它的值。

答：数据成员有值。定义数组时，没有给每个元素带参数，意味着系统调用构造函数时初始化了。由于是系统自动调用，即使你看不到调用语句，但是只要创建了对象，就存在对构造函数的调用。例如，本例有 15 个元素，这意味着 15 个对象，即构造函数被调用 15 次。

14. 时间类设计

问：下面的程序该怎么改？编译器说 Time::Time()使用无效。

```
#include<iostream>
#include<string>
using namespace std;
class Time{
private:
    int hour;
    int minute;
    int second;
public:
    Time();
```

```
    Time(int newH,int newM,int newS);
    Set(int a,int b,int c);
    Print();
};
Time::Time()
{  hour=0;minute=0;second=0;  }
Time::Time(int newH,int newM,int newS)
{  hour=newH;minute=newM;second=newS;  }
Time::Set(int a,int b,int c)
{  hour=a;minute=b;second=c;  }
Time::Print()
{   cout<<"时间为"<<hour<<":"<<minute<<":"<<second<<endl;
    cout<<"转为"<<second+60*minute+hour*3600<<"秒"<<endl;
}
int main()
{   Time x;
    x.Time();
    x.Time(22,59,59);
    x.Set(1,43,59);
    x.Print();
    return 0;
}
```

答：x. Time();和 x. Time(22,59,59);有错。注意，定义了对象，系统就会自动调用构造函数，不存在构造函数的显式调用。应该是

```
Time x;                                    //调用无参构造函数
Time y(22,59,59);                          //调用带参构造函数
```

15. 复数类设计之一

问：怎么返回 c1 和 c2 两个值？

```
#include<iostream>
#include <cmath>
using namespace std;
class complex
{   float x,y;
public:
    complex(float m,float n)
    {  x=m;y=n;  }
    float Getx()
    {  return x;  }
    float Gety()
    {  return y;  }
    void Show();
    friend float add(complex &a,complex &b);        //定义友元函数
};
```

```
float add(complex &a,complex &b)
{   float c1,c2;
    c1=a.Getx()+b.Getx();
    c2=a.Gety()+b.Gety();
    return c1,c2;
}
void complex::Show()
{  cout<<"("<<add(a,b).c1<<add(a,b).c2<<")"<<endl;  }
int main()                                              //主函数
{   complex z1(1.5,2.8),z2(-2.3,3.4),z3;                //声明复数类的对象
    z3=add(z1,z2);                                      //友元函数调用
    cout<<"z3=";
    z3.Show();
    return 0;
}
```

答：首先，定义了带参数构造函数，系统就不再提供默认的无参构造函数了，因此需要在 main 函数中定义 z3 对象，必须定义一个无参的构造函数，或者干脆定义一个带默认值的构造函数，如下所示：

```
complex(float m=0,float n=0)
{  x=m;y=n;  }
```

其次，z3＝add(z1,z2)；是友元函数调用，意味着 add 必须返回一个对象，所以代码中定义的友元函数类型不对，当然返回值也不对。下面是类中的友元函数声明：

```
friend complex add(complex &a,complex &b);
```

下面是友元函数定义：

```
complex add(complex &a,complex &b)
{   float c1,c2;
    c1=a.x+b.x;                          //友元函数可以访问私有成员，比调用函数效率高
    c2=a.y+b.y;
    complex t(c1,c2);
    return t;                            //函数返回值只有一个，并且需要返回对象
}
```

既然定义了友元函数，就没必要再调用成员函数，直接取私有数据 x、y 的值效率更高。

最后，类的 Show 成员函数的功能是输出 x、y 的值，应该如下定义：

```
void complex::Show()
{  cout<<"("<<x<<","<<y<<")"<<endl;  }
```

main 函数中 complex z1(1.5,2.8)，z2(－2.3,3.4)，z3；意味着要定义一个带参数构造函数和一个无参构造函数。因为 z1 和 z2 对象带参数，z3 对象无参数。当然也可以二合一定义一个带默认值的构造函数。

z3＝add(z1,z2)；是通过友元函数返回一个对象，用这个对象值修改 z3 对象值。

z3. Show();表示成员函数调用,输出 z3。

16. 复数类设计之二

问:以下的代码有什么错误?

```
#include<iostream>
using namespace std;
class complex
{
public:
    complex(double a,double b)
    {  x=a;y=b;  }
    friend complex add(complex &z1,complex &z2);
    void Show()
    {  cout<<"("<<x<<y<<")"<<endl;  }
private:
    double x,y;
};
complex add(complex &z1,complex &z2)
{   complex m;
    m.a=z1.a+z2.a;
    m.b=z1.b+z2.b;
    return m;
}
int main()                                    //主函数
{   complex z1(1.5,2.8),z2(-2.3,3.4),z3;     //声明复数类的对象
    z3=add(z1,z2);                            //友元函数调用
    cout<<"z3=";
    z3.Show();
    return 0;
}
```

答:首先,测试用例输出用逗号分隔,因此 Show 函数有问题,应该是

```
void Show()
{  cout<<"("<<x<<","<<y<<")"<<endl;  }
```

其次,既然定义了带参数构造函数,系统就不提供默认无参构造函数了。所以或者定义一个无参构造函数,或者干脆定义带默认值的构造函数。即

```
complex(double a=0,double b=0)
{  x=a;y=b;  }
```

最后,复数类的数据成员是 x、y,不是 a、b,所以应该改为

```
complex add(complex &z1,complex &z2)
{   complex m;
    m.x=z1.x+z2.x;
    m.y=z1.y+z2.y;
```

```
    return m;
}
```

17. 复数类设计之三

问：下面的代码哪里错了？

```
#include <iostream>
using namespace std;
class complex
{
private:
    double x;
    double y;
public:
    complex(double i, double j)
    {   x=i;y=j;
    }
    double GetX()
    {   return x;
    }
    double GetY()
    {   return y;
    }
    void Show();
    friend complex add(complex &a, complex &b);
};
complex add(complex &a, complex &b)
{   double m,n;
    m=a.x+b.x;
    n=a.y+b.y;
    return complex(m,n);
}
int main()                                          //主函数
{   complex z1(1.5,2.8),z2(-2.3,3.4),z3;            //声明复数类的对象
    z3=add(z1,z2);                                  //友元函数调用
    cout<<"z3=";
    z3.Show();
    return 0;
}
```

答：z3 对象定义时是无参的，应该在程序中定义无参构造函数。也可以给带参构造函数带上默认值。

18. 带默认值的构造函数

问：下面是一个带默认值的构造函数的定义。

```
Date(int y=1995,int m=4,int d=15)
```

```
{   year=y;month=m;day=d;
    cout<<year<<month<<day<<endl;
}
```

如果想只默认年和月这两个数的值该怎么写呢？

答：这只能改参数顺序了，例如：

```
Date(int d,int m=4,int y=1995)
{   year=y;month=m;day=d;
    cout<<year<<month<<day<<endl;
}
```

总之不能违背从右省略的规则。

19. 点类和圆类之间的友元函数设计

问：下面代码中 cout<<p. x<<","<<p. y<<endl；为什么改成 p. show()；就不行呢？

```
#include <iostream>
using namespace std;
class Point;                          //前向引用声明
class Circle{
public:
    Circle(double a)                  //带默认参数值的构造函数
    {  r=a;  }
    double Area()
    {  return 3.14*r*r;  }
    void Show(const Point &p);        //该函数是Circle的成员函数,Point类的友元函数
private:
    double r;
};
class Point
{   private:
    double x,y;
    public:
    Point(double a=0.0,double b=0.0)
    {  x=a;y=b;  }
    double GetX()
    {  return x;  }
    double GetY()
    {  return y;  }
    friend void Circle::Show(const Point &p);
};
void Circle::Show(const Point &p)
{   cout<<"半径="<<r<<endl<<"圆心=";
    cout<<p.x<<","<<p.y<<endl;;  //调用点类成员函数
    //改为 p.Show();                //调用点类成员函数,为什么不行?
```

```
}
int main()
{   Circle c(10);                        //定义圆类对象
    Point p(100,100);                    //定义点类对象
    c.Show(p);
    return 0;
}
```

答：代码中没有定义 Point 类的成员函数 Show，如果定义了 Show 函数，肯定就可以使用了。

问：在 Point 类里加了 Show 函数定义还是不行，如下：

```
void Show()
{  cout<<x<<","<<y<<endl;  }
```

答：友元函数 Show 的参数不能加 const 进行保护。即应该改为

```
class Circle{
    …
    void Show( Point &p);            //该函数是 Circle 的成员函数,Point 类的友元函数
private:
    double r;
};
class Point
{   …
    friend void Circle::Show( Point &p);
};
void Circle::Show( const Point &p)
{   cout<<"半径="<<r<<endl<<"圆心=";
    p.Show();                        //调用点类成员函数
}
```

因为加了 const，虽然可以保护友元成员函数 Circle::Show 的 Point 类的数据成员，但是若调用 p. Show()，必须定义一个常成员函数，因为常对象引用或者常对象只能调用常成员函数。修改如下：

```
#include <iostream>
using namespace std;
class Point;                         //前向引用声明
class Circle{
public:
    Circle(double a)                 //带默认参数值的构造函数
    {  r=a;  }
    double Area()
    {  return 3.14 * r * r;  }
    void Show(const Point &p);       //该函数是 Circle 的成员函数,Point 类的友元函数
private:
```

```
    double r;
};
class Point
{   private:
    double x,y;
    public:
    Point(double a=0.0,double b=0.0)
    {  x=a;y=b;  }
    void Show()                          //普通 show 函数
    {  cout<<x<<","<<y<<endl;  }
    void Show() const                    //常成员 Show 函数
    {  cout<<x<<","<<y<<endl;  }
    double GetX()
    {  return x;  }
    double GetY()
    {  return y;  }
    friend void Circle::Show(const Point &p);
};
void Circle::Show( const Point &p)
{   cout<<"半径="<<r<<endl<<"圆心=";
    p.Show();                            //调用点类常成员函数
}
int main()
{   Circle c(10);                        //定义圆类对象
    Point p(100,100);                    //定义点类对象
    c.Show(p);
    return 0;
}
```

20. 贷款类设计

问：下面的代码错哪了？

```
#include<iostream>
using namespace std;
class Calc{
private:
    double dk;
    int m;
    static double l;
public:
    Calc(double s,int c)
    {  dk=s;m=c;  }
    void print();
};
double Calc::l=0.06;
void Calc::print()
```

```
{   int i;
    double s=0,x;
    for(i=1;i<=m;i++)
    {   s=0;
        s=dk/m+(dk-dk/m*i)*l;
        cout<<"第"<<i<<"个月还款额为"<<s<<",其中本金为"<<dk/m<<",月利息为"<<
       (dk-dk/m*i)*l<<",剩余本金为"<<(dk-dk/m*i)<<endl;
    }
}
```

答：void Calc::print()函数中for循环里的s=0;是多余的，因为后面有s=dk/m+(dk-dk/m*i)*l;，对于变量来说，以后面的赋值为最后结果。另外，房贷计算不对，每月利率=年利率/12，本月利息=贷款余额×每月利率，对于第一个月，贷款余额是总额，还没开始还贷，所以月份i从0开始与第1个月对应。修改如下：

```
void Calc::print()
{   int i;
    double s=0,x;
    for(i=0;i<m;i++)                    //i=0开始,对应第一个月
    {   s=dk/m+(dk-dk/m*i)*l/12; //还款额=本月本金+本月利息(贷款余额×利率)
        cout<<"第"<<i+1<<"个月还款额为"<<s<<",其中本金为"<<dk/m<<",月利息为"<<
       (dk-dk/m*i)*l/12<<",剩余本金为"<<(dk-dk/m*i)<<endl;
    }
}
```

21. 学生类设计使用静态数据成员

问：已经定义了静态数据成员了，为什么还是报错？

```
#include<iostream>
#include <string>
using namespace std;
class Student
{
public:
    Student(string name,int age)
    {   this->name=name;
        this->age=age;
        total++;
        Totalage=Totalage+age;
    }
    int GetNum()
    {  return total;  }
    void Show()
    {  cout<<"姓名:"<<name<<","<<"年龄:"<<age<<endl;  }
private:
    string name;
```

```
    int age;
    static int total;
    static int Totalage;
};
int Student::total=0;
int Student::Totalage=0;
int main()
{   Student stu1("John",10), stu2("Peter",5),stu3("Liming",9);
    stu1.Show();
    stu2.Show();
    stu3.Show();
    cout <<"平均年龄:"<<Student::Totalage/Student::GetNum() <<endl;
                                                        //输出平均年龄
}
```

答：main 函数中 Student::GetNum()调用表示 GetNum 函数应该是静态成员函数。而代码中 Student 类中定义的是普通成员函数。另外，在 main 函数中出现 Student::Totalage，说明这个静态数据成员的访问权限是公有的。

静态成员既起到全局变量的作用，又能够封装，比全局变量要好多了。既然提到封装，肯定有访问权限，这与普通成员一样。

22. 西瓜类设计

问：下面的代码错哪了？

```
#include <iostream>
using namespace std;
class Watermelon
{
private:
    int num;
    int wei;
public:
    static int number;
    static int weight;
    Watermelon(int n,int w)
    {  num=n; wei=w; number++; weight=weight+wei;  }
    int GetTotal_number()
    {  return number;  }
    int GetTotal_weight();
};
int Watermelon::number=0;
int Watermelon::weight=0;
```

答：int GetTotal_weight();既然在类中声明了，就要给出该函数的定义。另外，此题考虑到了退瓜，意味着要减去卖瓜总数和总重量，应该定义析构函数。

23. 积分返券

问：返券后剩余积分为什么不对？

```
#include <iostream>
#include<string.h>
using namespace std;
class MemberCard
{
private:
    string a,b;
    double c,d;
public:
    MemberCard(string pid, string pname, double s, double s1=0)
    {  a=pid;b=pname;c=s;d=s1;  }
    void print()
    {  cout<<"卡号:"<<a<<endl;
       cout<<"姓名:"<<b<<endl;
       cout<<"积分:"<<c<<endl;
    }
    double Reward()
    {   if(c>5000)
            d=d+100;
        c=c-5000;
        if(c>3000)
            d=d+30;
        c=c-3000;
        if(c>1000)
            d=d+10;
        c=c-1000;
        return d;
    }
    double Getscore()
    {   if(c>5000)
            c=c-5000;
        if(c>3000)
            c=c-3000;
        if(c>1000)
            c=c-1000;
        return c;
    }
};
int main()
{   string pid,pname;
    double s;
    cin>>pid>>pname>>s;
    MemberCard m(pid,pname,s);                  //定义用户对象,注意需要带参数的构造函数
    m.print();                                  //输出用户信息
    cout <<"返券:" <<m.Reward() <<endl;        //输出返券
```

```
    cout <<"返券后剩余积分:"<<m.Getscore()<<endl;  //输出剩余积分
    return 0;
}
```

答：double Reward()函数中，if 如果要控制两条语句，就要不加{}。另外，每满足一定的积分，就会有相应的返券。例如每满足 5000，就得 100 元券。这意味着需要重复执行，就要利用循环。最后，Reward 函数中已经计算了积分 c(虽然目前不太对)。c 作为数据成员，不能在 Getscore 函数中再减一次，因为已经计算过了，只要 return c 就可以了。

24. 日期类设计中的运算符重载

问：下面的代码错哪了？它输出的结果总是错。

```
#include <iostream>
using namespace std;
class Date{
private:
    int year,month,day;                          //年月日
    bool IsLeapYear()                            //判断闰年
    {  return (year%4==0&&year%100!=0)||(year%400==0);  }
public:
    Date operator ++();                          //前置单目运算符重载为成员函数
    Date operator ++(int);                       //后置单目运算符重载为成员函数
    void ShowMe()                                //输出
    {  cout<<year<<"-"<<month<<"-"<<day<<endl;  }
    Date(int y=0,int m=0,int d=0)          //带默认参数的构造函数(无参和有参合二为一)
    {  year=y;month=m;day=d;  }
};
Date Date::operator ++()
{   Date t;
    if(month==12&&day==31)                       //间隔一年时
    {   year++;
        month=1;
        day=1;
        t.year=year;
        t.month=1;
        t.day=1;
    }
    else if((year%4==0&&year%100!=0)||(year%400==0))//闰年,间隔一月时
    {   int m[12]={31,29,31,30,31,30,31,31,30,31,30,31};
        if(day+1>m[month-1])
        {   month++;
            day=1;
            t.year=year;
            t.month=month;
            t.day=1;
        }
```

```
        else
        {   day++;
            t.year=year;
            t.month=month;
            t.day=day;
        }
    }
    else
    {   int m[12]={31,28,31,30,31,30,31,31,30,31,30,31};  //平年,间隔一月时
        if(day+1>m[month-1])
        {   month++;
            day=1;
            t.year=year;
            t.month=month;
            t.day=1;
        }
        else
        {   day++;
            t.year=year;
            t.month=month;
            t.day=day;
        }
    }
    return t;
}
Date Date::operator ++(int)
{   Date t;
    if(month==12&&day==31)                                //间隔一年时
    {   t.year=year;
        t.month=1;
        t.day=1;
        year++;
        month=1;
        day=1;
    }
    else if((year%4==0&&year%100!=0)||(year%400==0))      //闰年,间隔一月时
    {   int m[12]={31,29,31,30,31,30,31,31,30,31,30,31};
        if(day+1>m[month-1])
        {   t.year=year;
            t.month=month;
            t.day=1;
            month++;
            day=1;
        }
        else
```

```
        {   t.year=year;
            t.month=month;
            t.day=day;
            day++;
        }
    }
    else
    {   int m[12]={31,28,31,30,31,30,31,31,30,31,30,31};  //平年 ,间隔一月时
        if(day+1>m[month-1])
        {   t.year=year;
            t.month=month;
            t.day=1;
            month++;
            day=1;
        }
        else
        {   t.year=year;
            t.month=month;
            t.day=day;
            day++;
        }
    }
    return t;
}
int main()
{   int a,b,c;
    cin>>a>>b>>c;
    Date x(a,b,c),y;
    x.ShowMe();
    y=x++;
    x.ShowMe();
    y.ShowMe();
    y=++x;
    x.ShowMe();
    y.ShowMe();
    return 0;
}
```

答：t. year＝year；t. month＝1；t. day＝1；这类重复的语句就不要反复放在 if 结构中了，应放在 if 结构外面，否则代码太烦琐。对于 if-else 写法，找一个确定条件算 if，其余都是 else。按上面代码的思路调整了前置＋＋运算符重载的代码，修改如下：

```
Date Date::operator ++()
{   Date t;
    int m[12]={31,28,31,30,31,30,31,31,30,31,30,31};
    if((year%4==0&&year%100!=0)||(year%400==0))          //如果是闰年,修正 2 月天数
```

```
        m[1]=29;
    day++;                                              //天数加 1
    if(day>m[month-1])
    {   day=1;
        month++;
        if(month>12)
        {   year++;
            month=1;
            day=1;
        }
    }
    t.year=year;
    t.month=month;
    t.day=day;
    return t;
}
```

代码不在于多,而在于精。后置++运算符重载可参考上面的代码修改。

25. 日期类对象的<<插入符重载

问:重载插入符的友元函数是什么意思?

```
#include <iostream>
using namespace std;
class Date
{
private:
    int year;
    int month;
    int day;
public:
    Date(int a,int b,int c)
    {  year=a;month=b;day=c;  }
    void Show()                                         //输出
    {  cout<<year<<"-"<<month<<"-"<<day<<endl;  }
    friend ostream & operator<< (ostream &output,const Date &c);
};
ostream & operator << (ostream & output,const Date &c)
{   output<<c.year<<"-"<<c.month<<"-"<<c.day;
    return output;
}
int main()
{   Date d1(2013,3,20);
    cout<<d1<<endl;                                     //直接输出对象 d1
    d1.Show();                                          //注意与前一句等价
    return 0;
}
```

答：因为 main 函数中 cout<<d1<<endl;//直接输出对象 d1,因此需要重载<<插入符后才能输出对象。将<<操作符理解成运算符就可以了。

问：它和之前的 operator+有什么区别?

答：是一样的机制,<<就相当于+,只不过+是返回复数类对象,<<是返回 ostream 对象而已。

26. 日期类对象的提取符>>重载

问：下面的代码中提取符>>为什么不对?

```
#include <iostream>
using namespace std;
class Date
{
private:
    int year;
    int month;
    int day;
public:
    Date(int a,int b,int c)
    {  year=a;month=b;day=c;  }
    void Show()                                         //输出
    {  cout<<year<<"-"<<month<<"-"<<day<<endl;  }
    friend istream & operator>>(istream &input,Date &c);
};
istream & operator >>(istream & input,const Date &c)
{   input>>c.year>>"-">>c.month>>"-">>c.day;
    return input;
}
int main()
{   Date d1;
    cin>>d1;                                            //输入对象
    d1.Show();
    return 0;
}
```

答：input>>c. year>>"-">>c. month>>"-">>c. day;默认以空格作为分隔符,所以>>友元函数中应该是 input>>c. year>>c. month>>c. day;。

另外,main 函数中的 Date d1;意味着需要定义无参构造函数。定义一个带默认值的构造函数也可以,即 Date(int a=0,int b=0,int c=0)。

注意：>>重载时,Date &c 不能加 const 修饰符,因为这个友元函数里面还要对 c 的值进行修改。

27. 组合的构造函数

问：为什么会先输出两个 wing?

```
#include <iostream>
using namespace std;
class wing{
public:
    wing(){cout<<"wing"<<endl;}
};
class bird
{   wing w1,w2;
    int age;
public:
    bird(int a)                    //隐式调用 wing 类的无参构造函数完成 w1 和 w2 对象初始化
    {   age =a;cout<<"bird,age="<<age<<endl;   }
};
int main()
{   bird b(1);
    return 0;
}
```

答：main 函数中 bird b(1)这个对象定义意味着调用 bird 类带参数构造函数，组合调用的执行顺序是先调用内嵌对象的构造函数再初始化 age。而 w1 和 w2 不需要传参数，对应的 wing 类无参构造函数被调用了两次，wing 类定义了无参构造函数输出一个 wing 提示，所以两个对象输出了两个 wing。

问：wing 类就是内嵌对象，是吗？

答：w1 和 w2 是内嵌对象，wing 是类名。

28. 线段类的组合

问：怎么把值赋给 Point 类呢？

```
class Line
{
private:
    double a1,a2,a3,a4;
    Point pt1;
    Point pt2;
public:
    Line(double a,double b,double c,double d)
    {   a1=a;a2=b;a3=c;a4=d;
        pt1.getx()=a1;
        pt1.gety()=a2;
        pt2.getx()=a3;
        pt2.gety()=a4;
        cout<<"Line 类的带参构造函数 2 被调用"<<endl;
    }
    Line(Point &pt,Point &tp)
    {   pt1=pt;
        pt2=tp;
```

```
        cout<<"Line类的有参构造函数1被调用"<<endl;
    }
    Line();
    void Show()
    {   cout<<"start=("<<pt1.getx()<<","<<pt2.getx()<<")"<<endl;
        cout<<"end=("<<pt1.gety()<<","<<pt2.gety()<<")"<<endl;
        cout<<"length="<<sqrt((pt1.getx()-pt2.getx())*(pt1.getx()-pt2.getx
        ())+(pt1.gety()-pt2.gety())*(pt1.gety()-pt2.gety()))<<endl;
    }
};
```

答：Line(double a,double b,double c,double d)：pt1(a,b),pt2(c,d)

注意组合的构造函数写法。

对象成员是初始化列表的形式,代码中没有初始化 pt1 和 pt2。应该写为

```
Line(Point &pt,Point &tp):pt1(pt),pt2(tp)
```

复制构造函数也是如上写法。

另外,pt1. getx()＝a1;pt1. gety()＝a2;pt2. getx()＝a3;pt2. gety()＝a4;有错。函数调用语句不能赋值,这不符合语法。只有"变量＝函数调用语句"的形式,没有"函数调用语句＝值"的形式。

问：Line函数定义如下,这样写有什么问题吗?

```
class Line
{
private:
    double len;
    Point pt1;
    Point pt2;
public:
    Line(double a,double b,double c,double d):pt1(a,b),pt2(c,d)
    {  cout<<"Line类的带参构造函数2被调用"<<endl;  }
    Line(Point &pt,Point &tp):pt1(pt),pt2(tp)
    {  cout<<"Line类的带参构造函数1被调用"<<endl;  }
    Line()
    {  cout<<"Line类的无参构造函数被调用"<<endl;  }
    void Show()
    {   len=sqrt((pt1.getx()-pt2.getx())*(pt1.getx()-pt2.getx())+(pt1.gety()
        -pt2.gety())*(pt1.gety()-pt2.gety()));
        cout<<"start=("<<pt1.getx()<<","<<pt2.getx()<<")"<<endl;
        cout<<"end=("<<pt1.gety()<<","<<pt2.gety()<<")"<<endl;
        cout<<"length="<<len<<endl;
    }
};
```

答：其实len在构造函数里面顺便计算就可以了,这样比较简单,len作为数据成员,在

各个构造函数中给出初始值也合理的，没必要在 Show 函数中计算。在 Show 中计算 len 不违背语法规则，只是不太符合构造函数对数据初始化的初衷。

问：是在两个构造函数中分别用构造函数中的数据计算一遍 len 吗？

答：对，在无参构造函数中写 len=0 即可。

29. 点类和圆类设计之一

问：下面的代码是定义类型不匹配吗？

```
#include<iostream>
#include<cmath>
using namespace std;
class Point
{
protected:
    int x,y;
public:
    Point(int a,int b)
    {  x=a;y=b;  }
};
class Circle:public Point
{
private:
    int X,Y;
    double r;
    double d;
public:
    Circle(int m,int n,int M,int N,double l):Point(m,n)
    {  X=M;Y=N;r=l;
       d=sqrt((x-X)*(x-X)+(y-Y)*(y-Y));
    }
    void Show()
    {  if(d<=r)
       cout<<"点("<<x<<","<<y<<")与圆[点("<<X<<","<<Y<<"),"<<r<<"]的距离="
       <<d<<",位置关系:点在圆内"<<endl;
       if(d>r)
       cout<<"点("<<x<<","<<y<<")与圆[点("<<X<<","<<Y<<"),"<<r<<"]的距离="
       <<d<<",位置关系:点在圆外"<<endl;
    }
};
int main()
{  int a,b,A,B;
   double R;
   cin>>a>>b>>A>>B>>R;
   Circle E(a,b,A,B,R);
   E.Show();
   return 0;
```

```
}
```

答：sqrt 的参数应该是实数类型，上面的代码中它是整数类型。把 int 改成 float，sqrt 的问题就解决了。main 函数中 E 对象参数中的坐标都是整数类型，main 与构造函数都要改。

30. 点类和圆类设计之二

问：与用例输入一样，为什么下面程序的输出与期待用例输出不同？

```
#include<iostream>
#include<cmath>
using namespace std;
class point{
protected:
    double x,y;                 //点类包括点坐标及圆心坐标
public:
    point(double a,double b)    //(x,y)
    {  x=a;y=b;  }
};
class circle:protected point
{   double m,n,len,r;
public:
    circle(double a,double b,double c,double d,double e):point(a,b)
    {  m=c;n=d;r=e;  }
    double distant()
    {   double s=x-m;
        double t=y-n;
        len=sqrt(s*s+t*t);
        return len;
    }
    void show()             //点(3,3)与圆[点(6,6),3]的距离=4.24264,位置关系:点在圆外？
    {
        if(r>distant())
            cout<<"点("<<x<<","<<y<<")"<<"与圆[点("<<m<<","<<n<<"),"<<r<<
            "]的距离="<<distant()<<",位置关系:点在圆外"<<endl;
        else if(r<distant())
            cout<<"点("<<x<<","<<y<<")"<<"与圆[点("<<m<<","<<n<<"),"<<r<<
            "]的距离="<<distant()<<",位置关系:点在圆内"<<endl;
        else
            cout<<"点("<<x<<","<<y<<")"<<"与圆[点("<<m<<","<<n<<"),"<<r<<
            "]的距离="<<distant()<<",位置关系:点在圆上"<<endl;
    }
};
int main()
{   double x1,y1,x2,y2,z;
    cin>>x1>>y1>>x2>>y2>>z;
```

```
    circle xd(x1,x2,x2,y2,z);
    xd.show();
    return 0;
}
```

答：对于 class circle：protected point，如果没有要求，建议用公有继承。从继承角度，建议将基类的数据成员的访问权限设为保护的权限，代码中将数据的访问权限与继承方式搞混了。参数传递有错误，用例输入是 3 3 6 6 3，用例输出是“点(3,3)与圆[点(6,6),3]的距离=4.24264，位置关系：点在圆外”，但上面的程序不是这样，可见点的坐标传错了，这样距离肯定计算不对，点与圆的关系自然判断不对了。

cin>>x1>>y1>>x2>>y2>>z；是输入，circle xd(x1,x2,x2,y2,z)；中的参数传递顺序与输入顺序不一致改为 circle xd(x1,y1,x2,y2,z)；，用公有继承方式，即 class circle：public point，这样就没问题了。

31. 运动员类设计之一

问：如何为对象数组赋值？

答：对象数组的元素相当于对象，因此在构造函数中，传递一个数组名过去，然后用循环，依次为对象数组的各元素赋值即可。

问：这个赋值循环应该写在哪里？

答：在 Athlete 类中定义无参构造函数或者定义带默认值的构造函数。

Athlete a[3]；在定义时没有给出数组元素参数，就相当调用无参构造函数。

给对象数组元素赋值应该写在 Game 类的构造函数中。

问：以下代码中为 Athlete 类写了无参构造函数，其中有什么问题吗？

```
#include<iostream>
#include<cmath>
#include<string>
using namespace std;
class Athlete
{   string name;
    string sch;
public:
    Athlete(const string &a,const string &b)
    {  name=a;sch=b;  }
    Athlete()
    {}
    void show()
    {  cout<<name<<" "<<sch<<endl;  }
};
class Game
{   string sport;
    int time_h;
    int time_m;
    int num;
```

```
    Athlete a[3];
public:
    Game(const string &a,int b,int c,int d,Athlete e[]):a(e)
    {   sport=a;
        time_h=b;
        time_m=c;
        num=d;
    }
    void print()
    {   cout<<"项目:"<<sport<<" 比赛时间:"<<time_h<<"时"<<time_m<<"分"<<endl;
        cout<<"1 ";a[0].show();
        cout<<"2 ";a[1].show();
        cout<<"3 ";a[2].show();
    }
};
int main()
{   Athlete arr[3] ={Athlete("刘勇","商学院"),Athlete("周华","文学院"),Athlete
    ("何川洋","法学院")};          //对象数组初始化
    Game swimming("游泳",15,30,3,arr);
    swimming.print();
    return 0;
}
```

答：写成 a(e)为数组名赋值是错误的，数组名是常量。应写为

```
Game(const string &a,int b,int c,int d,Athlete e[])
{   int i;
    for(i=0;i<d;i++)            //用循环更好,毕竟对象数组大小为10
        this->a[i]=e[i];        //加 this 是因为数据成员 a 与形参 a 同名了
    sport=a;
    time_h=b;
    time_m=c;
    num=d;
}
```

Game 类的构造函数如果参数不与数据成员同名，就可以不用 this。

32. 运动员类设计之二

问：下面的代码错在哪里？

```
#include <iostream>
#include <string>
using namespace std;
class Athlete
{
protected:
    string name;
    string xueyuan;
```

```
public:
    Athlete(const string &n, const string &x)
    {   name =n;
        xueyuan =x;
    }
    void show()
    {  cout <<name <<" " <<xueyuan <<endl;  }
};
class Game :public Athlete
{
protected:
    string xiangmu;
    int hour, min;
    int num;
    Athlete * arr;
public:
    Game(const string &x, int h, int m, int n, Athlete * a1)
    {   arr =a1;
        xiangmu =x;
        hour =h;
        min =m;
        num =n;
    }
    void print()
    {
        cout <<"项目:" <<xiangmu <<" 比赛时间:" <<hour <<"时" <<min <<"分" <<endl;
        for (int i =1; i <=num; i++)
        {   cout <<i <<" ";
            arr[i-1].show();
        }
    }
};
int main()
{
    Athlete arr[3] ={ Athlete("刘勇","商学院"),Athlete("周华","文学院"),Athlete
    ("何川洋","法学院") };        //对象数组初始化
    Game swimming("游泳", 15, 30, 3, arr);
    swimming.print();
    system("pause");
    return 0;
}
```

答：这个程序的缺点是arr的数据没能封装起来，外部main函数一旦修改了arr数组的数据，Game类对象的数据就会相应被修改了。

33. 字符串转换为整数

问：以下字符串转换为数字的代码输出是错的，为什么？

```
#include <iostream>
using namespace std;
int * shift(char a[20])
{
    int i,j=0;
    int b[3]={0},k=0, * p=b;
    for(i=0;a[i]!='\0';i++)
    {   if(a[i]>='0'&&a[i]<='9')
        {   b[j]=b[j] * 10+a[i]-'0';
        }
        else if(a[i]=='-')
        {   j=j+1;
        }
    }
    return p;
}
int main()
{
    char a[20];
    cin>>a;
    int * c=shift(a);
    int i;
    for(i=0;i<3;i++)
    {  cout<<c[i]<<endl;  }
    return 0;
}
```

答：int * shift(char a[20])的意图是将字符串转换为整数，为什么返回指针？

问：因为返回日期有3个数。

答：p指向局部数组b，函数调用完b就被释放了。

问：那要是不定义p，直接返回b呢？

答：将b数组改为静态局部数组，这样即使函数调用完b也不会被释放。即改写为

```
int * shift(char a[20])
{   int i,j=0;
    static int b[3]={0};
    int k=0, * p=b;
    …                                       //后面代码略
}
```

问：为什么b会被释放了，函数不是返回p了吗？

答：p返回的是局部数组b，b被释放了就无法取内容了。b如果是静态局部数组，就不会被释放，可以通过p返回的地址取b的内容。

34. 虚基类的构造函数

问：下面的代码运行时提示没有 B0 的无参构造函数，错哪了？

```
#include <iostream>
using namespace std;
class B0                                    //声明基类 B0
{
public:
    B0(int n)
    {   nV=n;
    }                                       //构造函数
    int nV;
    void fun()
    {   cout<<"Member of B0:"<<nV<<endl;
    }
};
class B1: virtual public B0                 //B0 为虚基类,派生 B1 类
{
public:
    B1(int a) : B0(a) {}                    //构造函数
    int nV1;
};
class B2: virtual public B0                 //B0 为虚基类派生 B2 类
{
public:
    B2(int a) : B0(a) {}                    //构造函数
    int nV2;
};
class D1: public B1, public B2              //派生类 D1 声明
{
public:
    D1(int a=0) : B1(a+1), B2(a+2){}        //构造函数
    int nVd;
    void fund(){  cout<<"Member of D1:"<<nVd<<endl;  }
};
int main()
{   D1 d1;
    d1.fun();
    d1.B1::fun();
    d1.B2::fun();
    return 0;
}
```

答：B0 确实没有定义无参构造函数，虽然 B0 定义了一个构造函数 B0(int n){nV=n;}，可它不是无参构造函数。根据构造函数的语法，一旦定义了构造函数，默认的无参构造函数就不能用了，因此需要定义一个无参构造函数或带默认值的构造函数。修改如下：

```
#include <iostream>
using namespace std;
class B0                                 //声明基类 B0
{
public:
    B0(int n=5)
    {   nV=n;
    }                                    //带默认值的构造函数
    …                                    //后面代码略
}
```

则无参构造函数其实就是 n 取 5 的值。

35. 数组下标越界异常类设计

问：下面的代码中,if 语句有什么错误?

```
#include<iostream>
using namespace std;
class F
{
    if(i<0&&i>9) throw 1;
    return F;
};
int main()
{   int a[10],i;
    for(i=0;i<10;i++)
        cin>>a[i];
    try{
        cout<<a[i]<<endl;
    }
    catch(int)
    {
        cout<<"下标越界"<<endl;
    }
    return 0;
}
```

答：代码中定义了一个 F 类,里面有 return F;,这不合语法。如果是类,其中又出现了类似函数体的语句;如果是函数,又没有给出形参。另外,i 未定义,不能使用,当然 if 语句提示错误。

答：通过数据类型捕获下标越界异常的实现方法是 cout << "Array[1] = "<<fun(1)<<endl;,即调用函数 fun,将下标 1 作为实际参数传递给形参,形参根据下标范围判断是抛出一个异常还是返回该下标对应的元素值,即

```
if (i >=5) throw i;
    return Array[i];
```

然后再定义一个异常类,实现下标越界捕获。注意,cout<<dsqrt(a)<<endl;也是一个函数调用,将 a 传递给函数的形参,判断是否抛出一个负数异常或者返回平方根的值,即

```
if (d<0) throw FuExcep();                    //抛出异常类对象
    return sqrt(d);
```

负数异常类定义如下:

```
class FuExcep
{
public:
    FuExcep(): message ("负数没有平方根") {}
    const char* GetMessage () {  return message; }
private:
    const char* message;
};
```

36. 文件异常

问: 输入一个文件名,通过类型怎么判断文件异常?

答: 如果没有该文件,则抛出一个对象或者变量,然后捕获对象或者变量并进行判断。

问: 为什么 cout 还要定义?

```
#include <fstream>
using namespace std;
int main()
{
    ifstream infile("grade.txt");
    if(!infile)
        cout<<"文件打开失败"<<endl;
    return 0;
}
```

答: cout 是系统的输入输出流对象,必须在代码开头加上 #include <iostream>。

问: 就是说头文件不能少?

答: 对,这个程序错误在于:用例输入是文件名,但代码中没有使用文件名类型,而是直接用字符串常量,与用例不符。

```
ifstream infile("grade.txt");              //这个是常量,没有从键盘输入文件名
```

下面的代码段是从键盘输入文件名:

```
char filename[20];
cin>>filename;
ifstream infile(filename);
```

然后判断文件是否被打开:

```
if(!infile)
{   cout<<"文件打开失败"<<endl;
```

```
    return 1;
}
```

37. 构造函数与初始化

问：构造函数什么情况下需要初始化，什么情况下不需要呢？

答：要看在什么情况下调用构造函数。定义对象的时候，系统自动调用构造函数。如果定义对象时对象名后面没有参数，即调用无参构造函数；如果定义对象时对象名后面有参数，即调用带参构造函数；如果定义对象时对象名后面有一个已经存在的对象参数，即调用复制构造函数。

问：有的需要初始化，有的又不需要，这两种有什么不同？

答：所谓对象初始化，就是定义对象时给对象的数据成员赋初值。对象定义时对象名后面是否有参数，决定了调用哪个构造函数。如果没有定义对象，则不需要调用构造函数。例如已经定义的对象之间的赋值就不调用构造函数，因为没有定义新对象。

问：在主函数里都有对象定义啊，如果没有对象定义就不需构造函数，是吗？

答：没有定义对象，自然不需要调用构造函数。对象指针定义和对象引用定义都不会调用构造函数。但是定义对象数组时会调用若干次构造函数，因为每个数组元素都相当于一个对象。例如下面的代码：

```
#include <iostream>
using namespace std;
class s
{
public:
s(int a,char b)                         //构造函数
{  num=a; c=b;  }
void DoDraw()                           //绘制图案
{   int i;
    for(i=1;i<=num;i++)
        cout<<c;
    cout<<endl;
}
private:
    int num;char c;
};
int main()
{   s t(5,'*');                          //定义对象
    t.DoDraw();                          //调用成员函数
    return 0;
}
```

s t(5,'*');语句意味着定义对象t，后面带参数，调用带参构造函数。

s(int a,char b){ num=a; c=b; }完成对数据成员num和c的初始化，a和b是形参，可以带默认值，也可以不带默认值。上面的构造函数没有带默认值，main中没有定义无参的对象，所以报语法错误。

带默认值的构造函数相当于两个函数：带参构造函数与无参构造函数。

```
s t(5,'*');                         //定义对象,调用构造函数,实参 5 和 * 传递给形参 a 和 b
```

如果写成 s t;,则调用无参构造函数,这样也可以。

```
#include <iostream>
using namespace std;
class s
{
public:
    s(int a,char b)                     //构造函数
    {   num=a; c=b;   }
    s()                                 //构造函数
    {   num=5; c='*';   }
    void DoDraw()                       //绘制图案
    {   int i;
        for(i=1;i<=num;i++)
            cout<<c;
        cout<<endl;
    }
private:
    int num;char c;
};
int main()
{   s t;                                //定义对象
    t.DoDraw();                         //调用成员函数
    return 0;
}
```

这样,调用无参构造函数,结果一样。也可以将上面两个构造函数合二为一,即带默认值的构造函数：

```
s(int a=5,char b='*')                   //构造函数
{   num=a; c=b;   }
```

38. 构造函数

问：在下面的代码中调用几次构造函数?

```
#include <iostream>
using namespace std;
class A
{   int v;
public:
    A(int x=0){   v=x;cout<<"A"<<endl;   }
};
int main()
{   A a(2),b[3],*c[4];
```

```
    return 0;
}
```

答：4 次。a 对象定义调用 1 次带参数构造函数；b 对象定义的数组包含 3 个成员，相当于 3 个对象，则调用 3 次无参构造函数。注意，对象指针不调用构造函数。

有对象定义才调用构造函数。对象指针定义不调用构造函数，指针的类型是指向的对象的类型，指针本身是一个无符号的整数，不需要调用构造函数。注意，指针是特殊变量，不是从值的角度来定义类型的，指针的类型是它指向的变量或者对象的类型。

39. 构造函数与复制构造函数

问：下面的代码有什么问题？

```
#include<iostream>
using namespace std;
class C{
public:
    C()
    {  cout<<"call 1"<<endl;  }
};
int main()
{   C a;                              //调用无参
    C Xone=a;                         //没有调用构造函数,这是为什么?
    return 0;
}
```

答：定义一个 Xone 对象，就一定会调用构造函数。C Xone＝a；等价于 C Xone(a)；，因此这句肯定调用构造函数，调用的是复制构造函数。建议定义一个复制构造函数，然后设置断点调试一下，或者在函数里面输出一个字符串提示，间接判断是否调用了复制构造函数。

```
#include<iostream>
using namespace std;
class C{
public:
    C()                               //无参
    {  cout<<"call 1"<<endl;  }
    C(C &x)                           //复制构造函数
    {  cout<<"call 2"<<endl;  }
};
int main()
{   C a;                              //调用无参构造函数
    C Xone=a;                         //等价于 C Xone(a);,调用复制构造函数
    return 0;
}
```

可以测试一下上面的代码。

问：如果不定义复制构造函数是不是也可以？

答：如果不定义复制构造函数，系统也会自动提供一个默认的复制构造函数，也就是用

已经有的对象的数据成员依次给新对象的成员赋值。

有 3 种情况涉及复制构造函数：用一个对象初始化一个新对象，返回值是对象，函数形参是对象。

构造函数都是自动调用的，通常不需要自己定义复制构造函数，系统默认的复制构造函数就能够满足需要了。除非涉及类的成员是指针的情况，为了回避浅复制的问题，才需要自己定义复制构造函数，实现深复制。

B.2 概念问题

1. 访问权限之一

问：有 3 个类 A、B、C，i 是 A 的公有成员，B 是 A 的公有继承，C 是 B 的保护继承，i 在 C 中的访问权限是什么？

答：B 是 A 的公有继承，因为 A 成员继承过来后访问权限不变，i 的访问权限仍然是公有的。C 是 B 的保护继承，从 B 继承过来的公有成员访问权限变成保护的，因为 i 在 C 中的访问权限变为保护的了。

2. 访问权限之二

问：是不是所有私有函数都可以在公有函数里面访问，而私有函数不能在主函数里访问？

答：在类中是不考虑可见性问题的。在类外，例如在普通函数或者 main 函数中，才考虑访问公有成员。

问：在类中都可以相互访问，在类外只能访问公有成员，那么保护的作用是什么？

答：内部不存在保护性问题，保护是针对类外的。

问：保护和私有有什么区别？

答：将类的一部分成员的访问权限设为私有，保护起来，外部调用时没有权限访问。

问：那保护和私有不就一样了吗？

答：有区别。保护在有继承关系的多个类之间是可见的，等同于公有。但是类外访问与私有一样。私有成员只能被本类成员函数使用。保护成员可以继承，除了本类之外，还可以被派生类使用。

3. 构造函数与 Set 函数的区别之一

问：如果定义了一个构造函数，是不是就不一定需要 Set 函数？

答：用途不同，并不矛盾。构造函数只能在创建对象时完成初始化，并且因为是由系统自动调用的，相当于省去了函数调用代码的编写工作。而 set 成员函数可以对对象进行初始化赋值，并且在对象使用过程中也可以调 Set 函数对值进行修改。

4. 构造函数与 Set 函数的区别之二

问：构造函数和 Set 函数有什么区别呢？

答：构造函数只在定义对象时系统自动调用一次。Set 是成员函数，可以调用多次。

5. 析构函数的函数体

问：析构函数是一种函数体为空的成员函数，这句话对吗？

答：析构函数的函数体中可以写代码。实际上析构函数只是无参、无返回值，但是并不是函数体为空。

6. 构造函数和析构函数的调用

问：构造函数和析构函数都可以显式调用，构造函数是创建对象时自动调用，析构函数是释放对象时自动调用。这句话对吗？

答：所谓显式调用，就是出现“函数名()”，里面有参数可以传值。但是构造函数和析构函数都不能这么调用，而是系统自动调用的，看不到这个调用形式，因此说它们都可以显式调用是错的。

7. 构造函数的理解

问：构造函数和普通函数有什么区别？

答：构造函数是类的成员函数，负责数据成员的初始化，而普通函数与类无关。

问：构造函数与普通函数的格式有区别吗？

答：当然有区别。构造函数与类同名，也是封装到类中的。另外，构造函数是定义对象时由系统自动调用的，看不到调用语句。

问：如果要调用构造函数，不用编写调用语句，是吗？

答：是的，只要定义了对象，系统就自动调用相应的构造函数。

8. 引用的理解

问：用引用返回一个函数的值，在内存中不产生被返回值的副本，这是什么意思啊？

答：引用是变量的别名，就是说不用在内存中再分配空间了。引用的地址就是引用绑定的变量的地址，二者是同一个内存。可以编写一个复制构造函数，输出一个字符串提示。通常如果形参是对象，肯定调用复制构造函数，输出提示；如果形参是对象引用，就不会调用复制构造函数了，当然就不会看到提示输出了，因为对象引用没有分配新内存，不用创建对象，当然也就不调用复制构造函数了。

9. 引用的用法

问：函数中 & 符号的作用是什么？

答：& 就类似于 *。类型＋* 表示指针，如果是单独的 * 表示指针运算求值。

类型＋& 表示引用，如果是单独的 & 表示求地址。

问：应该在什么时候用 &？

答：引用是变量的别名，不占内存，它在一定程度上代替了指针的功能，而且在使用上类似于变量，比较简单。

通常，当参数是类的类型时建议用引用，因为形参是对象引用，不需要调用构造方法，只是实参对象的别名，使用起来和对象一样。例如，在第9章课后习题9.11中，打印运动员参赛名单涉及对象之间的参数传递，形参都用对象引用的形式。另外，默认的复制构造函数的形参也建议用对象引用的形式。

10. 对象和对象引用的区别

问：complex operator＋(const complex &one, const complex &two)与 complex& operator＋(const complex &one, const complex &two)有什么差别？

答：返回值类型不同，一个是对象，另一个是对象引用。区别是返回值是对象或者对象引用，与函数参数是对象或者对象引用是一样的道理。如果是对象，需要调用构造函数，成员要占用内存；如果是对象引用，不需要调用构造函数，成员不占用内存。

11. 二进制文件

问：二进制文件是将内存中存储的数据不加转换地保存得到的文件。这句话对吗？

答：二进制文件本来就是这样存储的。如果是文本文件，写文件时需要将数值转换为字符，然后存入文件；读文件时，需要将字符再转换为对应的数值。而二进制文件，内存中是啥样，存入文件就是啥样，在读文件时也不需要做转换。这也是二进制文件能够高效读写并且具有保密性的原因。

12. 内联函数的用法

问：inline是什么意思？

答：内联函数。

问：inline有用吗？

答：有用，能够节省时间。

问：就是说明"是内联函数"吗？

答：对，这个是类外显式声明。另外一种隐式声明是：成员函数在类中定义，即使没有inline，也是内联函数。

13. 函数重载的理解

问：重载函数调用的依据是参数类型和个数。下面的题中，函数名字也可以作为依据，可是重载函数名字不是相同的吗？

题目如下：

重载函数在调用时不能以(　　)作为选择的依据。

A. 参数类型　　B. 函数名字　　C. 参数个数　　D. 函数类型

答：函数名必须相同，这也是重载特征，所以错误的是函数类型。

问：D肯定不对，但B也有疑问。既然函数名都相同，就没法只根据函数名去选择调用哪个函数了呀。

答：函数同名也是依据。如果不同名，就不是函数重载了。

14. 重载的理解

问："由于类名是成员函数名的一部分，所以一个类的成员函数与另一个类的成员函数即使同名也不认为是重载，因为作用域不同。"这句话是什么意思？是不是说重载只能发生在同一个类中？

答：首先，普通函数也可以重载，并不要求一定是类。这句话是说，重载是同一个作用范围(可以是类范围，也可以是文件范围，还可以是函数范围，甚至是复合语句范围)，如果不是，则不考虑重载。成员函数是属于某个类的，例如，圆类的Set函数和矩形类的Set函数同名，但参数类型不同，由于不是同一个作用范围(类域)，不认为它们是重载。

15. 友元的理解

问：友元函数是只能访问私有成员，不能访问公有成员，对吗？

答：如果成员是公有的，那就不需要友元了，直接用"对象名.成员名"即可访问。不过，友元函数不仅能访问公有成员，还能访问私有成员，特别是访问私有成员这一点体现了共享。

问：为什么友元不能直接访问类的私有成员？

答：所谓私有成员是指只有类中所提供的成员函数才能直接访问它们，程序的其他部分对它们直接访问都是非法的。友元虽然能够访问私有成员，但不是直接访问私有成员，是通过“对象名.成员名”的方式访问的。

16. 静态成员与全局变量的区别

问：静态数据成员和全局变量有什么区别？

答：两者不是一回事。在C语言中，静态变量是从生存期的角度定义的，全局变量是从作用域的角度定义的。在C++中，静态成员是从同类对象的共享角度定义的，全局变量不是类的成员。

17. 对静态成员的理解

问：在下面的题中，A是错误的，静态成员是类中所有对象共有的。如果去掉“类中”这个范围，A还是错误的吗？

题目如下：

下述静态成员的特征中(　　)是错误的。

A. 静态数据成员不是类中所有对象共有的

B. 说明静态数据成员时前边要加修饰符 static

C. 静态数据成员要在类体外初始化

D. 引用静态数据成员时，要在静态数据成员名前加<类名>和作用域运算符

答：A其实就是限制了是同类的所有对象。静态成员是针对同类的对象之间数据共享。

18. const 与 private

问：const 成员函数就是为了让对象的成员不被改变，那是不是就是转化为私有了呢？所有不需要改变的成员之前都可以加吗？试了一下，加不加 const 都能编译，那加它有什么用呢？

答：首先，C语言中用宏可以定义常量，但是这种方法无法进行类型检查。而在变量前面加 const 修饰，表示变量值不能改变，这样修饰的变量就相当于常量，这么做的好处是可以进行类型检查。其次，private 是对可见性的控制，决定成员不能在类外访问，起保护的作用。与常量无关。在类中，形参或者成员用 const 修饰之后，就具有了一些新的语法特性。

19. 基类和派生类的理解

问：下面这道题的答案不确定啊，应该是哪一个？

以下对于基类和派生类的描述中错误的是(　　)。

A. 派生类是基类的组合　　B. 派生类是基类的子集

C. 派生类是基类的具体化　　D. 派生类是基类定义的延续

答：肯定不能是组合，因为派生类还要改造和新增成员，所以A错。组合在C++中的含义是类中有其他类的对象，这肯定不符合继承性。

子集即“is-a”的关系，就像学生类是人类一样，学生类是人类的子集。按照“is-a”关系理解子集是正确的。

20. 私有成员

问：派生类不能访问私有成员，但派生类能通过访问基类的公有成员从而访问基类的私有成员。这句话对吗？

答：这句话似是而非。①派生类的对象不能访问私有成员；②派生类内的成员函数不

能访问基类的私有成员；③派生类对象可以通过调用继承的公有成员函数来访问基类的私有成员；④派生类内的成员函数可以通过调用继承的公有成员函数来访问基类的私有成员。概括地说，基类的私有成员只能被基类的成员函数使用，其他都不可以，无论是基类对象、派生类对象还是派生类函数。

问：例如，基类的函数 void show()为 cout<<a<<endl;，其中 a 是基类的私有成员，那么派生类可以通过 show 间接使用 a 这个数值吗？

答：是的，因为基类的 a 成员是私有的，只能被基类成员函数使用，而在外部，即使是派生类内部，也必须通过继承的基类成员函数 show 来访问。所以，在继承中，基类的数据成员通常设置为保护。这样就简化了代码，因为派生类内可以直接使用继承过来的基类保护成员了。

21. 同名覆盖与重载的区别

问：派生类中的函数与基类函数同名，这是同名覆盖还是重载？

答：重载必须参数个数或者类型不一样。覆盖(也叫重写)是参数个数和类型相同。

22. 不可见与不可访问的区别

问：不可见和不可访问意义一样吗？

例如"在私有继承中，基类中所有成员对派生类的对象都是不可见的"是对还是错？

答：二者不一样。不可见，有时也可以访问。例如同名覆盖规则中，基类的同名成员虽然被隐藏，但是通过"基类::同名成员"还是可以被访问的。在私有继承中，基类中所有成员对派生类的对象都是不可见的，并且也是不可访问的。不可见与不可访问其实是两个不同的角度，不可访问主要指的是访问权限。

23. 单继承中的同名函数问题

问：在单继承中，基类和派生类的同名成员函数不存在二义性问题吗？

答：不存在，因为有同名覆盖规则。二义性就是调用时不知道调用哪个同名函数。由于同名覆盖规则，调用时肯定是调用派生类的同名成员，这样就不存在二义性，因为基类的同名成员被隐藏了。如果需要调用基类的同名成员，则用"基类::同名成员"实现。

问：在单继承情况下，派生类中对基类成员的访问也会出现二义性。这句话对吗？

答：是错的。因为有同名覆盖规则，访问派生类的同名函数不存在二义性，因为基类的同名成员被隐藏了。

24. 虚基类的二义性

问：单继承中使用虚基类是不是为了解决二义性问题？

答：虚基类只针对多继承中由远程共同父类带来的二义性，单继承不存在这种二义性，因为有同名覆盖规则。

25. 虚函数的理解

问：下面的选择题答案是 D 吗？

下列关于虚函数的叙述中错误的是(　　)。

A. 虚函数是在基类中定义的

B. 需要在派生类中重写

C. 虚函数是实现动态联编的基础

D. 通过基类对象来调用虚函数，进而实现动态联编

答：虚函数是动态联编的基础。对象是无法实现动态联编的，必须是对象指针或对象引用，因此D是错的。

问：继承和虚函数都是动态联编的基础这个说法是正确的吗？

答：动态联编是在继承的前提下提出来的，相对于虚函数和对象指针或对象引用来说，继承更是基础。

26. 抽象类的理解

问：下面的选择题答案是B还是C？

下列关于纯虚函数和抽象类的描述中错误的是(　　)。

A. 抽象类是指具有纯虚函数的类

B. 一个基类中说明是纯虚函数，该基类的派生类一定不再是抽象类

C. 纯虚函数是一种特殊的虚函数，它没有具体的实现部分

D. 抽象类只能作为基类来使用，其纯虚函数的实现部分由派生类给出

答：C是纯虚函数的定义。纯虚函数本来就没有具体实现。

问：纯虚函数在派生类中不是给出实现了吗？

答：那是在派生类中给出具体实现，不是在抽象类中给出具体实现。而且派生类也可以是抽象类，在远程派生类中给出纯虚函数的具体实现也可以。

27. 抽象类之一

问：在一个基类中有纯虚函数，该基类的派生类一定不再是抽象类。这句话有问题，是否应该是"派生类一定是抽象类，因为虚函数有继承性"？

答：虚函数确实具有继承性，但是具有虚函数的类不是抽象类，必须具有纯虚函数的类才是抽象类。只有类中有纯虚函数，它才是抽象类。至于在派生类中给出纯虚函数的具体实现，这里说的派生类可以是抽象类的子类，也可以是抽象类的孙类，因此，"该基类的派生类一定不再是抽象类"这个说法太绝对了，所以这个说法是错的。

28. 抽象类之二

问：有虚函数的类是抽象类吗？

答：有虚函数的类不是抽象类。

29. 动态联编与静态联编

问：动态联编是不是必须用指针？

答：动态联编是指在程序执行的时候才将函数实现和函数调用关联起来，因此也叫运行时绑定或者晚绑定。动态联编对函数的选择不是基于指针或者引用，而是基于对象类型，不同的对象类型将得到不同的编译结果。动态联编需要满足两个条件，一个条件是虚函数，另一个条件是"基类引用＝派生类对象"或者"基类指针＝派生类对象地址"。

问：静态联编就是重载吗？

答：静态联编是指在编译阶段就将函数实现和函数调用关联起来，因此静态联编也叫早绑定。采用静态联编时，在编译阶段就必须了解所有的函数或模块执行时需要检测的信息，它对函数的选择是基于指向对象的指针(或者引用)的类型。函数重载和运算符重载是静态联编，另外，即使对于虚函数，由于"基类对象＝派生类对象"，在编译阶段就能根据对象类型确定调用哪个函数了，因此这也属于静态联编，也符合赋值兼容规则。所以，不能说静态联编就是重载。

30. 异常处理方法

问：特定类型(即根据不同的基本数据类型)和自定义类型(即根据不同类的对象)处理异常，这两者有什么区别？

答：在C++的捕获异常机制catch的参数中，实参的类型不同，异常处理方式也不同。当根据特定类型捕获不同的异常时，由于基本数据类型只有int、float、double、char等几种，因此能处理的异常也只是有限的几个。而对于自定义类的对象来说，理论上可以定义无穷多个类，也就是说能区分无穷多个异常。当然，如果异常个数较少，用基本数据类型来区分不同的异常比较简单。